U0178760

大自然的精神

对于我们普罗众生而言，世俗的生活处处显示出作为人的局限，我们无法逃脱不由自主的人类中心论，确实如此。而事实上，人类的历史精彩纷呈，仿佛层层的套娃一般，一个个故事和个体的命运都隐藏在家族传奇或集体的冒险之中，尔后，又通通被历史统揽。无论悲剧，抑或喜剧，无论庄严高尚、决定命运的大事，抑或无足轻重的琐碎小事，所有的生命相遇交叠，共同编织"人类群星闪耀时"的锦缎，绘就丰富、绚丽的人类史画卷。

当然，这一切都植根于大自然之中，人类也是自然中不可或缺的一部分。因此，每当我们提及"自然"，就"自然而然"地要谈论人类与植物、动物以及环境的关系。在这个意义上说，最微小的昆虫也值得书写它自己的篇章，最不起眼的植物也可以铺陈它那讲不完的故事。因之投以关注，当一回不速之客，闯入它们的世界，俯身细心观察，侧耳倾听，那真是莫大的幸福。对于好奇求知的人来说，每样自然之物就如同一个宝盒，其中隐藏着无穷的宝藏。打开它，欣赏它，完毕，再小心翼翼地扣上盒盖儿，踮着脚尖，走向下一个宝盒。

"植物文化"系列正是因此而生，冀与所有乐于学习新知的朋友们共享智识的盛宴。

塞尔日·沙

采摘植物

（法）塞尔日·沙 著

王惠灵 译

生活·讀書·新知三联书店

目 录

序 言

　　该发生的事情总是不请自来。赶巧到了休息日，那天，我刚起床，睡眼惺忪就想着要出门去采摘了。大家也在整装待发，我随口喊了一声："来吧，出去转转。"没有任何异议，话音一落，每个人都站了起来，说："我们走吧。"这仿佛一种习惯性的反射，每个人便拿起行头：这个当刀，那个当袋，又或者当篮子。此时，我的脑子里突然升起一个念头：绝不做枉然的事情，无论是去乡下，还是去林间，即便散散步，总要带回些东西。再不济，至少还能捎回一些朽木作柴烧吧？恍然间我回过神来，心里说，这不过是"无所事事"地四处游逛而已，哪怕空空如也，枉然而归也无妨。过往的大多时候，也没遇上过如此不走运的日子。不管是哪个季节，篮子的底层总能布满野生芦笋，或是过了收获季节捡漏儿得来的葡萄，三四朵大蘑菇，还有些许桑葚，或是覆盆子、酸李子，当然也少不了说不出其名的果实，一切都期待着烹饪的全新体验。

　　现在我觉得到了需要写书来表达的时候了，或者去更新博客，来说一说这些"低廉"的水果。这些野生植物与种植的果蔬相比，在那样一个口味统一、关注健康的年代里显得黯然失色。人类要与大自然割裂，又有谁能拦得住呢？

　　相继于有机园艺及农业的返璞归真，如今，野生植物又重新回到了"聚光灯"下，蔬菜正在恢复其"丑陋"的本来面目。在小块的土地上，被毁坏的景观正在慢慢地得以重建，这让我们又重新发现了田间的树篱，还有那沧桑过后人的好善乐施之举。这还让我们意识到了树丛中的生命，还有那心照不宣的口腹之欲。人们要想做出上好的果酱，没有什么能比得上野生的果子了。古时候祖先的生存经验给我们带来了居家的慰藉；囤积食物以保果腹，这必定要归功于大自然（la nature）的恩赐。他们生活勤俭、质朴，但从不乏乐不思蜀的愉悦：乐于创新食谱，将无数的秘方、不尽的植物，与朋友一道分享（乐此不疲、不厌其烦，为的是情投意合的友谊）。让我们静下心来，看看大自然宽阔的胸怀是多么的惊人，是它们让我们认识到人类是如此的自私，只为自己，不顾别人；是它们让我们获得了如此这般的爱护，教会我们也要以这般的爱去善待它们。于是，每当我们制作果酱的时候，每次必定不会只做一罐，更不会有人用勺子在一只大盆里舀来舀去，因为大家知道要与他人分享。如此一来，每到美食采摘的时节，它会再次引起我们的兴致，大饱口福于别样的风味、意外的惊喜，还有那令我们愈加爱上的简单。"来吧，出去转转。"

塞尔日·沙

致采摘者

请忘记果园中那些好看的水果，去发现野生水果那令人惊喜的风味，不要仅仅为水果的外表买单

一次自然采摘

鲜活的遗产

与乡间野生的小型草本植物相比，在采摘与搜集野生水果中重拾的是一份历久弥新、源远流长的遗产。的确，每个人至少都会在夏天采摘桑葚，都有机会品尝野生的覆盆子，即使葡萄季节已过，每个人也算来过一遭。相比之下，有多少人捡到了朴实无华的蒲公英，或是认出了两三种野生沙拉菜，又有谁知道水田芥（passerage）叶尖那股辣味，那味道尝起来难道不美吗？

果实采摘易如反掌，然而，一旦人们在生活中越来越注重细节，便会注意到大部分的野生果实已然从饮食习惯中消失了，不免会为那些特定物种的稀有化而感到惋惜。对于这些，我们体验足矣。谁能说走就走，只为让自己出去观赏一棵土生土长的花楸树（cormier），又或者一棵野生梨树？

人们忘不了以山毛榉果（faîne）为食的日子，就像想起那些山毛榉与橡树的果实，难免让人回忆起那些饥荒的年代。眼看着错过了上好的欧亚山茱萸/山楂（cornouille），还有那些欧楂/枇杷（nèfle），我们的好奇心甚至迟钝到连新的物种都发现不了了。是谁咬了沙枣（chalef）的果实？它只不过是一种在住宅区花园/花坛围栏用以计量公里数的植物而已。

慷慨的秋天

每当谈论口腹之欲时，人们为之神往的是甜味。虽然甜食、甜点不至于使人迈不开步子，也不至于使人忘记还有咸味、熟食、拼盘，但它们还是能令人意识到，这是一种无药可救的嗜好之罪。同样，当我们称这本书为《采摘植物》时，一定能让人们联想到果实。的确如此，大多数通过搜集（glane）、捡拾（ramassage）与采摘（cueillette）而收获的果实，往往都是夏末与秋季时令的硕果。然而，在《野生采摘》这本书里，采摘的主题所添加的花草植物的内容，更多地来自春天。这两本书讲的都是果蔬和花草的采摘，关于这些植物本身的内容，在另一个系列作品里有更详细的介绍。

与培植果树一样，野生果实的采摘主要是在夏季与初秋迎来一次忙碌，冬季与春季则少了一些。对于那些猎奇寻找、体验，想要大饱眼福于野生果实的人，这将是一个令人难以置信的硕果累累的时节。诚然，大自然的慷慨是丰收的保证。

这并不关乎对那些种植水果的故意反对，良好的栽培无疑有利于人们对大饱口福于多种风味的品尝，野生采摘是专门为制作其他的美味佳肴开放的。野生草莓与木本草莓的关系并不大，就像野生梨不能与任何栽培的梨相提并论一样，更何况许多其他水果，像欧亚山茱萸／山楂，或是意大利山楂（azérole），它们根本就没有直接的竞争对手。

最令人乐不思蜀的莫过于在树下与乡间的远足

为何要吃野果

如序言所述，闲逛是采摘与野外搜集的首要乐趣。没有什么比巡游乡间更能消除疲劳的了。无论是在树下，还是在森林中，无论是独行，还是与家人为伴，你的鼻子沿着空气中的土味寻觅，趁机再来一次拾取比赛，那可就更放松了。我们总会对野生水果刮目相看，其丰富的营养，在城市居民中间鲜为人知。有一段时间，人们对食物的需求仅仅表现为吃足；自从有了营养学，人们懂得了营养的诸多概念、有了营养的意识、明白了摄取食物一定要符合这些预设。野生水果通常富含维生素，同时几乎都富含纤维、矿物元素与糖分。

其次的乐趣是对野果风味的品尝。它甜滋滋的，哪怕很细微的，也是从未有过的味道，让人喜出望外，野生水果为美食家带来了实至名归的新奇。除了最为经典的深色浆果（如桑葚、覆盆子）外，人们很少吃得起通常想起来就诱人的新发现的果子，这些天然产物在经过某种精心制备后，将更具一种全方位的味觉新体验。

最后，让我们以一种一触即发的交战，以及乡村的政治分析来作结束。在我们的管理者中，大多数人都在糟糕地揣测着我们的意愿，并把我们的意愿视为他们的照顾不周所致。还是让我们自己活着吧，但他们却对我们的幸福心心念念——再简单不过，他们以核实为由，总要介入我们生活的种种细枝末节。他们丝毫没有觉察到我们保持手边的日常（与生活）那种幻觉般的乐趣：培育园圃、为过冬囤积木头、为糟糕的季节准备罐头食品（在富足时期不再如此），这正是

无须依附于酸辣味菜肴的商业行会（Bar-le-Duc），更没必要在任何结构化的组织之下：没有增值税（TVA），也没有赋税（taxe），野生果酱更无须分摊任何费用。这再好不过了

我们每个人幸福的源泉。分享这一切，让人更幸福。毫无疑问，野生采摘就保有这样一种弥足珍贵的自由感。你可曾知道：欧亚山楂的增值税率是多少？意大利山楂的分销渠道是什么？要经过多少中介？为了黑樱桃与野乌梅，要填写怎样的声明？

金科玉律

　　啊，大自然在呼唤！人们离开家园，千里迢迢，来到她的身边。恐怕这只是一种幻觉，所谓的大自然不只是一个自然区域，那种名副其实的自然区域并不存在，至少不存在于所有权的版图。我们身处大自然中，无论在何处，我们应该总在某个人的家里，但当我们不在人的家时，便处于公共空间，即我们所有人的家。这就是说，我们一定要牢记于心的是：大自然的一切并非允许你摘取，而仅仅是你可以摘取，为了它们能更长远地继续存在，所以要保持一个好的行为举止。如果你遇到一棵美丽的树，它硕果累累地在你眼前招展，这便是天赐良缘，它有主了。我们与山间美丽的覆盆子都立了合约，它们属于我们每个人。采摘与搜集要以我们每个人良好的行为举止作为一种准则。

13. Les maraudeurs.

申请小型采摘许可总是上上签。如果遭到拒绝，那实在是太倒霉了

相信吗？在一段时间里，巴黎－沙滩（Paris-Plage）不仅是散步，而且是寻找木本草莓（fraises des bois）的好去处，那里绝非仅仅只是一处退化的滩涂

1. 有监督，所采摘的果实切勿超出篮子能装下的分量。根据自己实际的需求与意愿选择，恰好就是所能招架的量。以往有多少果实最终被拿去堆肥（要不就是被扔进垃圾桶），真的没有时间处理吗？与其把所有东西都塞进冰柜，还不如留一些给其他人。切勿用铲子、耙子收取落到地下的果实。要知道，对于滥用，市政、省部的法令已经发布，惯犯必遭重罚。

2. 尊重，并关照大自然，也就是说，要置植物于首位。可以折取，但绝不能拔除，切勿弄得枝离叶碎。果实收获起来虽然容易，但这还关乎植物本身，还要为其再生着想。

3. 无论如何，请采摘者彬彬有礼、温文尔雅，乃至称心如意地从果实的所有者那里，自觉地采摘果实。没有谁知道该如何拒绝是好。无论大自然是丰收还是匮乏，赶上没人看管的时候，有节制地摘一点也无妨。你带着一篮子蓝莓离开是不太可能的，但拿上三四只榅桲或许不会有人拦住你。另外，老式条文对篮子中可以携带什么，双手所能托捧的量都做了适度的规定。在城市的住宅区里，你按响门铃，无人应答，于是就在去往公共场所的途中顺手牵羊。要知道，与世代所兜售的令人误解的观念相反，即便伸向公路的植物或者所栽种的花果树木，压在了财产所有者的边界线上，那些果实仍然是树主的私物：倘若那棵美丽的李子树的树枝长进了你家的花园，但理论上，它并不是给你的。落到地上的果实也不是给你的。

4. 采摘水果和浆果要免遭危险，识别植物其实很容易。唯一存在明显混淆风险的是小浆果，特别是黑色和红色的那些浆果。一旦你心中有了疑惑，拿不准主意，就要有判断蘑菇是否有毒时的那种警觉。

5. 遵守果实采摘的建议，接受那些看起来有点丑的果子。事实上，你并非在逛菜市场。你可以出于好奇，朝果子咬上一口，但野生果实往往不是现成可食用的，它们需要制备。

牢记于心的信息

我们不能一味地谈论野生采摘，而不提及某些植物的毒性。特别需要提醒的正是采摘者，因为客观上中毒的情况很少出现，但难免还有些粗心大意的人和怠慢的人，他们不遵守采摘中的预防措施，而且几乎总要牵连到孩子。

谈到毒性，首先要有剂量的意识。自古以来人们都知道，正是剂量的大小带来了毒性。一些具有毒性的小灌木的果实，确实会给儿童带来非常严重的问题。桂樱树（laurier-cerise）就是这种情况，哪怕只摄入 12 颗浆果，都会中毒。

然而，大可不必恐慌，野生植物并不比某些栽培的植物更危险。包裹在桃子、杏子、李子或者樱桃里的仁儿富含氢氰酸（acide cyanhydrique），应防范儿童摄入。

没有哪一颗红色或黑色的浆果比另一颗更像红色、黑色的浆果了（颗颗均让人垂涎欲滴）。不妨这么说吧：不存在区分良性与毒性果实的方法，不需要技巧，也没有诀窍，只要了解植物就行。也正是如此，若有疑虑，就一定要放弃食用。

植物鉴定由育种机构的专家完成，就植物的所有部分做一项完好的识别鉴定算是充分的。然而，永远不要光凭几个植物的切片就

Gourmandise

倒不是说贪吃是见不得光的缺点，但还是要提醒孩子，尤其是对那些自然野生物，不要见到什么都吃

信以为真。在品尝与烹饪之前，始终要先询问行家的意见，并且坚持使用那些给定的可食用的部分，而不对整个植物的用途妄加断言。最后，还要当心那些误导性的名称，以及大量的土语同义词，记住其拉丁文名称。

别碰

我们在具有魔鬼般诱惑力的浆果前绕了一圈，那几种常见的小灌木与花草植物就充斥在我们的自然空间。我们不妨将菝葜（salsepareille）留给蓝精灵（schtroumpf）；忽略所有忍冬（chèvrefeuille）

此月桂，非彼月桂

唯一可食用的月桂（laurier）是用作香料的香叶月桂树（laurier-sauce），又叫桂冠树（laurier noble，拉丁文名为 *Laurus nobilis*），在小矮树丛生的石灰质荒地上，以及南半球的林下小矮树丛中，总能发现它们的身影。其他月桂树都有毒，因为它们并不属于同一个植物家族。木本月桂（laurier des bois）便是其中一例，还有达芙妮化身的月桂（*Daphne laureola*）、红桂树（laurier rouge，拉丁文名为 *Persea carolinense*）、桂樱树（laurier-cerise，拉丁文名为 *Prunus laurocerasus*，意为欧亚白簇李属）、葡萄牙月桂（laurier du Portugal，拉丁文名为 *Prunus lusitanicum*，意为爱琴群岛李属）、欧洲夹竹桃（laurier rose，拉丁文名为 *Nerium oleander*），法国花园中的三大常见月桂家族之一是忍冬桂冠（laurier-tin，拉丁文名为 *Viburnum tinus*，意为忍冬属常绿荚蒾属）。

的黑色与红色浆果；不要窥视欧洲卫矛（fusain d'Europe）、野茜草（garance voyageuse）、龙葵（morelle noire）及王孙（la parisette）；还要躲过铃兰（muguet）、野生的白星海芋（l'arum），或叫"海芋"（gouet），以及欧白英（douce-amère）和瑞香（daphné）——或叫良木（bois-gentil），但它一点都不温良；当然，对于欧薯（tamier）、假叶树（fragonépineux）、多花黄精（sceau de Salomon）、冬青（houx），以及年底节庆中使用的槲寄生（gui）……也不要碰触。

野生采摘：医生，这严重吗

　　人们对野生植物毒性的担心过后，还有对野生采摘面面相觑的——动物群所传播的疾病——一种缄默，他们除了不断地关注同类事件之外，能做的事情并不多：人总是需要有敬畏感的。一旦谈论野生采摘，大家就会想起包虫病（l'échinococcose），那令人毛骨悚然的不安。历来小小的提醒都会警示众人，就是为了避免重蹈覆辙。

别再把矛头指向狐狸，又哪怕是其他野生动物！要多凑巧才能碰到被它们沾染过的水果

卫生部门（le ministère de la Santé）发出通告，这种寄生虫病很少见，但它却可能很严重，甚至会致命，一旦感染，需要终身治疗。寄生物是多腔室包虫（Ecchinococcus multilocularis），也被称为"狐狸蠕虫"（ver du renard），犬科动物是其主要携带者（在较小的程度上，还有家猫），啮齿类及其他动物充当中间宿主。感染模式是摄入粪便中寄生虫的卵（而不是常说的尿液）。除非喜欢狐狸粪便，否则被感染的唯一途径便是食用了带有虫卵的植物。只要对地面上的浆果不屑一顾，自然就不会惹祸上身。

要知道，虫卵会在高温下被杀灭，所以食用果酱、糕点以及熟食拼盘并不存在风险。其次，即使狐狸常常冒险接近人类，但近年来报告包虫病的病例仍然罕见，病情处于稳定程度。在法国，包虫病平均每年有 14 例，其中 10 例仅发生在弗朗什 – 孔泰（Franche-Comté），其余牵涉阿尔卑斯山脉（les Alpes）、洛林（Lorraine）地区以及中央高原（le Massif central）等地，即使那里的整片土地都存在潜在的风险，但与每年死于家庭事故的 12000 人相比，这些数字不至于令人精神挫败。然而，当人们知道其中的一半风险就发生在家中时，他们是会突然来了兴致，便挎上篮子，去乡间兜上一圈，还是待在家里呢？然而，他们辗转难眠，在一些奇怪的推理中去想象。当他们知道传染应归咎于本地的动物（即使甚少的责任）时，不那么野性的狐狸常常也会出没在住宅区的家庭垃圾桶附近，到底是谁让野生水果受到污染的？难道是私人园圃的业主吗？大片耕地的蔬菜种植者又会怎么说呢？在我们的认知范围内，谁能看得住野生动物呢？

于是，他们再也不否认这种疾病（或者其他疾病），而是把握住与这种疾病的关系，并给予正当的重视。

想健康食用，先要安全采摘

让我们面对现实吧，某处一旦成了污染之地，情势必然变得越来越艰难。我还记得一对逃离巴黎生活的夫妇，他们带着孩子来到上－萨瓦（Haute-Savoie）定居，发觉该地区偏僻的一角，几乎被那里糟糕的焚化炉污染了一切（之后关闭）。他们又从邮局日历的画面中看到，那片草场上散漫地放牧着的奶牛，它们的乳液（还有哺乳的母牛！）被民众揭露遭到污染，而这个地区的人却无可奈何。这一类的臭氧污染被民众向上举报，想来上级总是遮遮掩掩的，双数日强制歇息又能怎样呢？

避免去高速公路的坡道

为了采摘尽善尽美，请远离田野与耕地

在树林里闲逛，请不要搞错，这里仍然有活儿可干

以及工业区的边缘，也不要在大片的田野抑或道路的边缘进行采摘，应该成为人们生活中的常识。这警戒并非无中生有。在最暴露的地方，采摘的收获总能让人们唾手可得：人们都要小心，那必定不是别人特地留给你的！

在乡村，因为绝大多数的耕地种植仍然在大量使用各种杀虫剂。所以，除了要被耕地取代的工业区以外，要避开那些来回经过的拖拉机所通向小块耕地的地方，不要接近（非有机）的种植果园……

相反，有一种可以用来自我安慰的方式：野生果实与花草植物，就像有机蔬菜与水果等产品一样，总是比同等的种植品种更健康。就这样，"闲云野鹤"般地溜达，大饱口福的收获，一点都不算痴心妄想。

目无法纪（又或者，无法无天）

世世代代，自然区里的作物始终是居民食物的主要来源之一。可是，正如我们曾经指出的那样，自然区长期以来为某些人所有，少有其他人问津。结合这两点特征，便不足为奇，要知道，各种各样的拾取无不被条例规章化，而且往往非常严格。举一个众所周知的、散养家畜被严格管制与限定的例子。政府授权给农民，允许他们将自家的猪带到森林里去吃山地上的橡子。农民可以在规定的时间内打落果实。某些相关部门也同样给予农民一定的采摘山毛榉果实的权限。

今天，野生植物采摘依附于休闲，除了少数植物例外，芳香植物和蒿类（génépi）、龙胆（gentiane）以及某些特定的蘑菇……的拾取，所有者和收获者之间是有契约的。此外，采摘者对采摘的植

除了一些可以生吃的水果，其余都要按照从我们祖母那里继承来的老式配方予以加工

物种类与采摘地点也会受到地方性法规的限制。因此，人们始终要有咨询的意识（请参阅本书第二部分中有关盐角海草的例子）。

北欧国家普遍解除了私有权，但那里的人却有权在公共或私人区域处置自然资源。这种情况是对一种长久的古老传统的沿袭，也正是考虑到较低的人口压力和大型自然区的体量，而法国与这些地方并无可比之处。

简而言之，在法国只要是在森林与自然区，无论是私人区域还是公共区域，未经许可，都禁止采拾获取。但请采摘者放心，采摘一个家庭的食用量总是可以被容忍的。像我们所有人一样，只有坚守集体的良性表现，采摘才得以永远持续下去。

各就各位，启动

原汁原味

让我们从本章的标题开始从长计议。是的，采摘最大的乐趣之一，莫过于采摘时，可以随便直接生吃。自然界不但丰饶，而且慷慨，对于一些不可直接食用的植物和野生水果，自然也少不了制备的秘方，紧接着便可以烹饪加工。

人们需将在安全的地方拾回的果实与植物（花草）全部洗净，并快速地进行加工，因为它们通常都很脆弱。同时，务必小心地将那些熟透了的果子放在一起。要知道，无论是在树木还是在小灌木上，又哪怕是地面上，那些自然成熟的果实更可取，而且别无替代，请大家注意将它们小心地放入口袋里，以便储存多日。还有一些果实，经过简单调配是可以保存起来的，供以后使用。除此之外，植物则要经过烹饪程序加以制备。你可以跟随以下程式，采纳本书介绍的部分食谱，也可以稍加改进：这样做出的果酱依然是那上好的果酱，葡萄酒也依然是那上好的葡萄酒。

贮藏的精髓

冷冻：冷冻令所有类型的食物得以保存，但你也是知道的，解冻的东西看起来与过去判若两样。店铺里、花园中星星点点的红果，有些打蔫走形，它们并不只作直接食用，比如，用其与新鲜奶酪混合搭配。大多时候，人们需要将它加工成果泥，再用于做糕点，或者做熟食的拼盘。相反，冷冻则是一种保存果汁、果浆以及果泥的绝佳方式。

糖果酵素：醋制甜食与盐腌制品一样古老，这两样食品都早于

与园圃里的水果和蔬菜一样，野生采摘作物，也适合以各种形式制作成罐头来贮藏

糖果。在罐子里盛满水果，再用醋盖浇在上面。倘若要带有一丝你的口味，不妨使用苹果、覆盆子、柠檬味的醋，若是偏爱简单的葡萄酒醋，可以再加入一杯烧酒来"增加强度"，并封口，以提高保质期。在沸水中以巴氏杀菌法杀菌几分钟。用富含醋酸的水果来做餐前开胃菜，或是准备些酸辣酱、香醋、酱汁……

原味天然水果：将洗净的水果去梗，必要时取出果核，放入罐子，轻轻挤压，切勿压碎。接下来以 1 升水加入 200 克糖的比例勾兑出糖浆，覆盖在果实上面，盖严，在沸水中煮 20—25 分钟加以消毒，或者在压力锅阀门开始旋转后，保持 10 分钟加以消毒。几乎所有新鲜水果的食谱都可以用天然水果来制作。可是，当罐子打开时，其结果可能会差别很大：除了大功告成，或许会出现其他情况，要么太过稀软，要么沦为果渣。当然，这些都拜你的手艺所赐。

水果糖浆：要制备出与原味天然水果相同的糖浆，需浓缩更多的糖，每升水含 1 公斤糖。水果糖浆可用于所有糕点，更不用说水果沙拉了。

果酒：与处理种植水果的方法相同——樱桃、葡萄、干葡萄、干李子……酒精是最好的防腐剂之一。仔细筛选水果，不要拨弄，不要选有斑点的，而且也别选熟透的。洗净水果，不要摘除经脉，将它

Plantes comestibles.

Planche IV.

22. *Airelle rouge.*　　23. *Fraisier.*

24. *Vigne.*　　25. *Houblon.*

26. *Prunier.*　　27. *Groseillier.*　　28. *Groseillier à maquereau.*

野生水果：树林
一角的异域风味

们浸入至少 45°的水果醇里，没有什么限制（还是有必要计算一下 1 升酒精大概配比 1 公斤水果的量）。有的一点糖也不放，有的每升加入 250 克（不能再多了！），选用一只完美密封的罐子。贮藏的罐头不受任何时间限制，但酒精含量会下降，特别是在最初的年份。这就是最好每年制作一次的理由。抿上一口，在冰激凌甜点、鸡尾酒小菜或糕点中，咀嚼回味……

野生和异域

如此接近却又如此遥远，以下两套简单的制作工序，能为野生水果赢得异国的风味。

甜酸汁：一切都包含在名字中了，两种滋味的混合是异域美食的基础之一（异域风味可以在海峡另一岸的英国找到）。对酸甜的调配让你的想象力在厨房有了发言的机会，根据你的灵感，试验不同的搭配。所有种类的醋都能用上，做甜的东西可以采用蜂蜜（形形色色）、红糖、番茄沙司，出乎意料的是，放的东西竟然还包括鱼露、香醋等。

以下是基础配方：在同等重量比例下混合糖、醋与水来制取糖浆。加入洗净的水果，在小火上慢煮，慢慢地熬干水分，直到剩下浓稠的糖浆。倘若不即刻使用，请将其置于罐子中，做干燥处理。让它保存几个星期，这样甚至会更好。

酸辣酱：这一酸甜的调配非常英国化，是那种完全悦纳印度美食的英国人所喜欢的。不计成分，尤其是当人们要在一大堆香料的瓶瓶罐罐中思量时，你的食谱，由你做主。

翻炒切片的洋葱至金棕光泽时，加入洗净后去梗的野生水果。如有必要，加入少许净水没过锅底，以免干锅。关火后，加入蜂蜜、甜醋以及你所钟爱的香料，或多或少地提提味。配上白肉（viandes blanches，特指鸡胸，或者小牛肉）、米饭、蔬菜……

斟满果汁

对于许多果汁类配方，起始成分多是果浆，而另一些是果汁；这就可以准备起来了。总的来说，野生水果的果汁不是很丰富，通过挤压来提取有点徒劳，而且也不是很有成效。相反，一些野生水果果肉浆汁丰厚，将它们扔进沸水，然后只要用叉子戳裂，抑或用漏勺按压，抑或再用木杵捣碎。那些大核果实（野樱桃、野李子、欧亚山楂等）后面还要用到漏斗、漏勺……那些小颗粒果实（覆盆子、桑葚、接骨木等）则要通过一张滤布，或者细网来榨取果汁。

有些果实浆汁厚重（欧亚山楂、意大利山楂、花楸梨等）。用沸水烫一下，再用泥浆器，如有必要，可多重复几次，以便榨出尽可能多的果浆。对那些没有果核的果实（板栗等）：一台

蔬菜研磨器：厚实果肉型
水果果泥加工的最佳联盟

搅拌机总是可以在熟食加工大功告成之前派上用场。最后，为了一杯更清透、更丰富的果汁，人们可以通过专业的水果离心机加以处理（覆盆子、苹果、醋栗等）。

将果浆从果汁中分离出来。请记住关键点：无论采用什么方法，首先粉碎，接着提取。

轻而易举

要么生，要么熟，美食采摘以各种各样的糕点而非熟食拼盘告终，在后一种情况中，食物带来的往往是一丝甜味与果香。

果酱：果酱配方几乎与家庭住宅一样多。很少有基本规则（取决于烧煮中的糖与烹饪时间在量上的调控），无论如何，这些还是可以被绕过。

按惯例，要添加与水果相同重量的糖。这样的结果往往是太甜，因为我们不仅仅看重饮食，而且还注重滋味。比起果味，人们尝到

无论是野生水果，或者花园水果，自制果酱总是最好不过

所有关于糖的剂量，请根据自己的口味自行调整

更多的是甜味，这成了判断果酱好坏的标准。就我个人而言，我总是选择将糖减到每公斤水果 750 克。当然，这个比例也要取决于水果的种类。成熟的无花果已经非常甜了，几乎可以超过糖。覆盆子属于天然酸、少糖，制作处理时要考虑到这些因素。糖引起的必然结果是保鲜。甜度极高的果酱（与每公斤水果等重）易于保存，量轻的版本（500 克）保存起来要难得多，这就是为什么，在这种情况下，我更倾向于用压力锅将其消毒（10 分钟）。趁热填满罐子，更加有助于密封，果酱也能保存多年。开封后，可将其在冰箱里保留 15 天至 3 周。如果表面起了一点霉菌，可以将其去除，并不会产生危害，也不会影响味道。

果冻：果冻与果酱的制作工艺大同小异，这次要考虑的是果汁的重量，而不是水果的重量。果糖（fructose）可以（与果酱一样）作为葡萄糖的替代品，以 40%—50% 的重量配比。

水果烙：水果烙对于所有品种的水果都一样。在任何情况下，你需要比等量水果泥尽可能多的糖粉（或 60% 的果糖）。

准备一份果泥，将糖加入一只大果酱盆，扣上锅盖，煮沸之后，掀开盖子，让多余的水分蒸发，开始时需要经常搅拌，直到关火之前最好都不要停下，以免焦糖化。当表面"冒泡"（犹如观看一场火山熔岩的纪录片），浆糊足够稠密，以便可以用铲子将其从容器底部提起。在砧板或是硅胶模具上将果泥铺开，厚度以 2 厘米为宜。充分冷却，脱离模具，取出果泥，并晾上两三天。切成方形、圆形、菱形，或者也可以利用一下饼干切片机。用结晶的糖衣卷起糖果块，让它再晾一天。

糖浆：一种糖浆只不过就是糖稀释在了一种液体中，当它与果汁混合时，糖浆自然就有了水果的味道，就这么简单。在平底锅中，将 2 公斤砂糖混合在 1 升果汁中煮沸，关火后，让它自然冷却。装瓶，

美不胜收的糖与糖浆，它们与
可口果汁的精湛技艺如出一辙

完毕后，势必要保持凉爽，因为自制糖浆的保质期比工业糖浆短。根据水果中的天然含糖量来适当调整糖量（参考果酱）。

对于花卉糖浆，收集的材料要么是花瓣，要么是整朵花，清洗大约50克的量。放在一个大罐子里，加入一份半（1½）的开水，让花沉底。封口、冷却，并在冰箱里浸泡腌制24小时。第二天，过滤，并像处理水果糖浆一样继续。

果汁冰激凌：所有的果汁冰激凌都以同样的方式制备。果汁与果浆混合成液体果泥，加入30%—50%比重的糖，再将以上全部东西放入冰激凌机。可以加入一份柠檬汁，以便提鲜，再不然也可以加入鲜奶油，以便稠密。还需要多一点耐心，即便没有冰激凌机，也能做出好的果汁冰激凌。

制备250克果浆，把覆盆子、草莓、桑葚、醋栗……洗净、去梗，再碾碎成果泥状。加入2勺备制原味酸奶，还有4勺同果味香型的糖浆。装入容器，放入冰柜。每半小时搅拌一次，要均匀（这一步骤需要耐心！），取出放置10分钟后再享用，以便其可以轻松脱离模具。

开瓶即兴

这本书中介绍的酒和食物，虽不足以称道，而且只是略说其一二，但从放手做开始，即使产自小作坊，虽无法与商铺售卖的媲美，然而它却是"麻雀虽小，五脏俱全"的，三五成群的友人会为此相聚，不醉不归；或闲话于凡尘俗事，似醉非醉。瓶子里装的大多是家中私酿，仿佛橱窗中的酒一样，都有些小名堂，在窗台边上酝酿成熟至少要一个月，心情再焦急的人，又能奈它如何？

家酿的苦杏仁酒，非但不是平庸之辈的二流调制，它所造就的品质反而是令人惊艳的葡萄酒。开动，不妨对野生水果来一次全面测试

果酒：水果葡萄酒不尽相同。严格地说，果酒是用水果制备的葡萄酒，但其中并没有葡萄，这点与果醋的工艺大同小异。葡萄可以用黑加仑（cassis）、黑刺李（prunelle）、接骨木（sureau）等取代……现如今，越来越多的食谱和工艺可以在家里施展，要知道那些已经讲得明明白白的方法，要购买特效酵母、营养盐、果胶酶（la pectoenzyme）、柠檬酸等（网上可以找到），置办必备的器材，最后便有人将大显身手于一次小生产（至少50升）。

在本书中，每当谈论自制葡萄酒时，指的是将野生水果浸泡在酒中（诸如葡萄之类）。原理很简单，甚至一成不变，保持同类果品，偶尔加点使之平衡的果味。将水果浸泡在1升上乘的酒中，加入一杯糖、一杯水果醇（45°或者更高），以增强整个效果，在过滤之前先放置3—6周，稍作品尝，再额外多放上几天。

利口酒：野生水果用于家中自酿利口酒，再合适不过。操作方式简单，一通百通。为了让水果的味道进入酒精，要在酒中泡足够

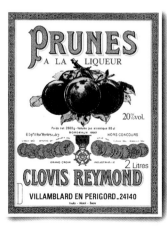

长的时间。使用某种中性酒精，如水果醇，或者伏特加。浸泡约40天，经过滤后，再按自身喜好添加适量的糖，为方便起见，以甘蔗糖浆液体为宜（通常为总容量的1/3）。如果不这样，也可自行准备糖浆，加入1份水与2份糖。如果最终结果太甜，再加入相同比例的水与酒精的混合物。最后，让它澄清几个月，便可享用。

甚至好过李子：为独享而特制的野乌梅利口酒

植 物 名 录

越橘树

红越橘、须草（canche）、伊达峰越橘，木本葡萄，拉丁文名为
Vaccinium vitis idaea L.，杜鹃花科（Éricacées）

未尝不可的另一种越莓

从植物学版图来看，越橘（airelle）是一种越莓（myrtille），就像它的美洲表亲蔓越莓（canneberge）一样。它们以其浆果的大小与颜色的不同来区分，但它们都很好吃，味道随果浆的酸度而变化。越橘像是一位来自寒冷地带的女孩。在欧洲，它自然地生长在稀疏的树林中，那片从斯堪的纳维亚到俄罗斯的冻土带，在新大陆（le Nouveau Monde），在与之相比更大片的北美、环极地区，到处都有它的身影。在法国，人们到群山峻岭中去寻找它，是再合乎逻辑不过的了，特别是在阿尔卑斯山脉与侏罗山脉（le Jura）地区。而在比利牛斯山脉（les Pyrénées）、中央高原（le Massif central）、孚日山脉（les Vosges），又或者在勃艮第（Bourgogne）、诺曼底（Normandie）等低海拔地区，越橘却很少见。就像所有的杜鹃花科植物一样，它喜欢酸性土壤，在泥炭地里遇到它并不奇怪。在山区的中段，它主要生长在山暴露的北面的山坡上。

有的不只是苹果味吧

越橘（其果实与小灌木被不加区分地共用此名）的花总是姗姗来迟，在越寒冷的地区越是这样。采摘期相应地延迟，开始于夏末8—9月间，甚至更晚，通常农夫们建议让水果经受霜冻，以提高其味觉品质。但也有另一种主张，在霜冻之前采摘，以便果

沾亲带故

世上再也没有比蓝莓（myrtille）更好的东西了。除了红越橘/小红莓（airelle rouge），还可以采摘蓝越橘（airelle bleue，拉丁文名为 *Vaccinium uliginosum*），蔓越莓（canneberge，拉丁文名为 *V. Oxycoccus*），多长在北欧的沼泽地带。另外，还有美国蔓越莓（拉丁文名为 *V. macrocarpon*），它的浆果大而红润，是蔓越莓的原始雏形。

植物学小贴士　小灌木，高20—50厘米，蔓延型长势，向外摊开。叶片常绿，坚韧、完整，呈大小圆缺不一的椭圆形状。春、夏两季花期，开出风铃形或钟冠状小花，带着从白到粉红的颜色，聚集在小簇的枝叶上。越橘树的果实：不标准的球形浆果，呈红色光泽。

质回酸。从前，在西伯利亚（Sibérie），为了减少果质中的酸味，将越橘泡在水里整整一个冬天，等到了春天再食用。越橘的果实呈球状，向上的那面带着一道美艳的红色光泽，不免让人联想到醋栗，而向下的那面呈浅绿色。越橘并非生食野果中的绝佳选择，尝起来味道寡淡。它的果肉富含淀粉，呈酸性，其酸质富于变化，因而，越橘的亚种比比皆是。有些变种中还带着一点苹果的味道。

　　唯一与越橘存在混淆风险的是熊葡萄（raisin-d'ours，拉丁文名为 *Arctostaphylos uva-ursi* L.）。然而，后者几乎都生长在向阳那边温暖的斜坡上，其叶片更厚、更亮，果实的淀粉含量非常高，但它却寡淡无味。另一个误会可能是错误地采摘蔓越莓，如果是这样，还真可谓赚到了！

别无他选

　　清洗500克越橘，将750克青苹果切碎，加一点水，然后放在火上加热。

　　将煮熟的苹果碾碎、挤压，再过滤，收取果汁。以500克兑600克果汁的比例，加入糖粉。煮沸，让糖溶解黏稠，每隔10分钟搅拌一次，撇去泡沫，倒至罐中。冷却结冻后，将它与家禽、白肉，或者熟食蔬菜一起食用。

Harvesting Cranberries on Cape Cod

　　可别做梦了，到了山上，是谁都说不定，或许你就能满载蔓越莓而归。再没有什么比这种越橘的味道更浓了

巴旦木

也叫amélié、巴旦杏树/扁桃树（amandié），拉丁文名为
Prunus dulcis D. A. Webb与*P. amygdalis* L.，蔷薇科

初时开花，末时饱腹

人们能看到的想必就只有它，至少是正在开花的那一棵，因为在深冬的季节里，巴旦木第一个开花，预示春天的临近。寒冷造就了巴旦木的坚实。它原产于中亚山区，库尔德斯坦（Kurdistan）、阿富汗（Afghanistan）、土库曼斯坦（Turkménistan）、伊朗（Iran）等地，那里存在大量野生形态的生物。巴旦木的栽培可以追溯到有关圣经记载的时代，它远早于渔业发迹的年代，那时它就已被带到了地中海盆地，因为其食用价值与药用价值而被当地人大面积种植。地中海与科西嘉岛周围的气候因素影响着其木质的长势。在法国南部之外的大片土地上，巴旦木种植已经在向各处蔓延。18世纪，在奥利维尔·德·塞雷斯（Olivier de Serres）的推动下，都兰（Touraine）在巴旦果仁方面享有良好的声誉。然而，偏离首选区域以外，一旦巴旦木的花期提早，便会暴露在霜冻中，收获往往令人沮丧。此外，巴旦木结出果实的条件要求非常低，它可以生长在石灰岩土壤，以及并不肥沃的有机物中：这一切在南方应有尽有。

双胞胎

在果壳中常常会见到双仁儿（amandes jumelles）。恐怕等不到准备好的那天，你就被"双仁游戏"（faire philippine）的习俗诱惑了？两个伙伴分食这些杏仁中的一颗，接下来相遇时，第一个喊出"你好，同胞"的人便是赢家，原则上，另一个人要送出一份小礼物。从词源学上追溯其意思是非常靠不住的，况且还有讲故事与写故事的人所带来的众说纷纭的版本。

原始野生与种植

真正野生的巴旦木结出的仁儿带苦味，非常苦，而且不可食用。多亏向新手发出了这样的信号，因为

6—8米高的树木，树干上覆盖着近乎黑色的树皮，带有细小的裂纹。落叶型植物，叶片细长而单薄，10—15厘米长。花期早，单只的白色花朵在枝丫的叶片长出前开放。巴旦木的果实：核果（drupe）多绒、青绿，包裹着一颗白色的杏仁。

它富含氢氰酸的酸性，所以很危险。食用真正野生的巴旦木，即使是十来颗也会导致严重的精神错乱。据说，一旦吃到20颗，则可能导致死亡。然而话也说回来，它们的味道如此令人厌恶，有谁会吃个没完呢？接下来，讲的是种植的巴旦木，它要么是被遗忘在老果园的存物，要么是一次性栽植的弃物。它们通常生长在靠近有人居住的区域，离葡萄园的小屋、猎人的小屋不远。它的果实无害。与杏仁当中的优良品种不同，巴旦木的味道比较苦，缺乏果味。它从7月就可供人尝鲜，说到真正的美味，鲜杏仁的味道远远优于干杏仁。在成熟之前，杏仁保持凝胶状。待到完美成熟时，在深黄色粗糙的表皮下面呈现出白色、顺滑的仁儿。秋季散步时，如果还有剩余，你便可以享用那些留在树上的干果。

绝佳的供奉

加工250克薄饼（*pâte feuilletée*），做成一个2厘米厚的矩形。用刷子给这块面皮涂上一层蛋黄外衣。将100克干杏仁儿碎覆盖其上，再撒上约100克糖。借助刀面的力按压杏仁，将面团翻过来，在另一面重复上一套操作。之后，将面块切成3厘米宽的条状，稍稍扭转，做出造型。在烤箱以6—7挡恒温烘烤10分钟，同时监测其焦糖化。

将甜的与苦的杏仁混合在一起，你可以在家中自制一种绝佳的杏仁糖浆（sirop d'orgeat）。它绝不会产生不自然的香味

野草莓树

熊果树（arboussier），即野草莓树，拉丁文名为
Arbutus unedo L.，杜鹃花科

不过如此

野草莓树常见于地中海周围的小灌木丛与丛林，它尤其喜爱生长在那里的酸性土壤中，就像所有的杜鹃花科植物一样。

自古以来，野草莓树的实用性一直可圈可点，主要体现在其植物的药用性。人们将其叶片入药，与鹿心骨（os de coeur de cerf，存在于器官中的一块软骨部分）混合浸泡，用于治疗鼠疫症的患者。然而，人们对野草莓树的果实并不陌生。

达莱尚（Dalechamps）在其 1615 年的作品《植物史》中写道："野草莓吃到嘴里时，舌头与上颚会有刺痛感，吃不出果肉有什么味道，像是在吃稻草与骨头。"这样说，想必有点夸张：没有一个云游在地中海区域的苦行僧不曾抱怨过，但必须承认，野草莓富含淀粉，生吃起来，余味犹存。由于人们对野草莓味道有一致的认同，于是，它赢得了其拉丁文名字。它作为普林尼

野草莓树／熊果的果实有点过分面糊，令人难生欣喜：将其变成糖果最好不过了

植物学小贴士　小灌木，3—5米高，1.5—3米宽。叶片常绿，带有漆泽、坚韧，不宜咬食，叶片边缘带齿，有时见到紫色斑点。木质坚硬，浅红色树皮，颗粒感细腻。10月到次年1月之间，开出白色小花，半透明的乳白色，带着紫红色斑点，聚集成串、下垂。野草莓树的果实呈圆形、多粒，可食用，其果肉富含淀粉。花朵与果实同起同落，它们的身上还洋溢着前一年的花团锦簇。

（Pline）的遗产，源于独一无二的艾多一族（*unum edo*）。对于野草莓，我只愿吃一颗，即使还有许多，也不愿意再多吃。在壮观华丽的罗马别墅里，野草莓树总是被选为装饰物，大量壁画都可以作证。直到今天，它那层层叠叠、林林总总的表皮花纹，仍被推荐用于装饰。

丛林野草莓

尚且无须其他，野草莓的坏名声足以令美食家嗤之以鼻，因为在制备果酱、糖浆、果冻或者葡萄酒时，提起野草莓便会引发完全不同的兴趣。无疑，这些制备歪打正着地以流行药物问世。众所周知，该植物针对尿路感染等情况具有一定的抗菌作用，而且它还有助于对抗高血压，并治疗腹泻。确切地说，这要归咎于它所富含的单宁酸（tannin）成分，正是它让该果实带有涩味。

8—11月间的徒步时节，人们总会囤积一些野草莓。它们早已熟透，用手指按压显得柔软，颜色红润。它有一股不讨人喜欢的味道，有点像烈酒，或是发酵的味道，恰好得以避免被过分采摘。

看到植物花朵盛开的时候，请不要惊讶，野草莓的果实就结在两年期的树木上，在一年之中的深秋季节，野草莓在枝丫上盛开花朵，其花朵与果实保持着同时、同步挂枝。

美食药剂

预备上好的野草莓果酱，用它来替代药物，其有效地应对腹泻的方法总算是最愉快的一种。但不要等到生病时才去把它当茶喝。将1公斤成熟的野草莓连秆一起放入砂锅，用水没过。当它们熔化后，沥干水分，并挤压以收取果汁。之后把它做成糖浆，在1升水中加入750克糖，煮成乳状，直到果糖珠子可以挂在一只冷茶碟上。

野草莓利口酒

像做香桃木利口酒一样简单和出人意料（见第81页）。将1公斤野草莓轻轻地碾碎，只需将其摊开，加入1升混有380克糖的45℃的果味烧酒中浸泡，在阳光下晒30—40天。过滤，放置两个月，然后即可再品尝。

沙棘树

西伯利亚橄榄木（olivier de Sibérie）、闪亮的荆棘（épine luisante），也叫 grisset，拉丁文名为 *Hippophae rhamnoides* L.，胡颓子科（Élaeagnacées）

马的灵丹

沙棘树是欧洲大部分地区的一种自生性（spontanée）天然植物，自古以来就为人所知。可以说，这是一种即刻见效的康复食物，只要一小时，至少对马是这样，再宽泛地说，对牛也一样受用；将它的果实（但也是绿叶茎）与饲料混合，会给牲口带来活力，同时，也会令其皮毛富有光泽。

沙棘的果实并非美食家的兴趣首选，因为它食用起来口感干涩，它只会被用来做果酱、果冻、水果派、蜜饯、水果冰激凌，或是水果点心等。在北欧的厨房里，它会被用作调味品，与油性的鱼搭配。为了入味，也为了更带劲，人们还会再加入伏特加，或是其他烈酒（出产于俄罗斯）为沙棘增香。现如今，人们在植物草药领域重新发现了它，其功效远胜过在甜点中的使用，主要是因为它富含维生素 C，人们便以果汁、果干或者胶囊的形式，使它回归药房，担负重任。

一种浓缩的精华

沙棘（argouses）富含维生素 A、B_1、B_2、C、E、F、K 与 P，含蛋白质（protéines）、饱和脂肪酸（acides gras saturés et insaturés）、不饱和脂肪酸（acides aminés，不少于 18 种，创纪录！）以及糖。以往，沙棘被制作成一种油，多作为药用，用于愈合与恢复黏膜。同样，它也可以食用，但很少出售，其含有优质的维生素 E、A，还含有欧米伽 3、6、7 与 9。

植物学小贴士　小灌木，多刺、丛生，5米高，可长成超过12米小树的高度。落叶型植物，叶片狭窄、翅脉，由短小的叶柄托起，瓣片正面绿色，背面银色。4—5月长出叶片前，开出暗绿色无花瓣的单花。卵形的"冒牌"果子（faux-fruit），外形似一颗瘦果（akène），包裹着一层橙色厚肉，直径在6—8毫米之间。

如果你养了几只母鸡，可以给它们喂食沙棘，以提亮蛋黄的颜色

戴好手套

沙棘树通常与沙丘、滨海地带的植物群结伴而生，这是真的，然而，它很快又会被遗忘，因为它又要被移植到其他的生态系统生存。在法国，它常见于三个主要地区。沿着西海岸，从卡斯肯尼（Gascony），经由英吉利海峡（Manche）与索姆湾（Somme），再上到罗讷冲积山谷（Rhône），一直到阿尔萨斯（Alsace），从莱茵河（Rhin）畔，到阿尔卑斯山脉南段（les Alpes du Sud），再到中等海拔区域，以及丘陵与阿尔卑斯缓冲区域。

等到初秋临近的时候，人们便可以去采摘沙棘，大约在10月，此时枝丫上的果实很容易脱离。再晚些时候，它们就会过于成熟，以至于汁液沾满手指。别忘戴好手套，因为小灌木非常扎手。最后，请记住，该物种为雌雄异株（dioïque），不要试图去雄株上寻找果实！

沙棘醋汁

挤压新鲜采摘的沙棘。在600—800克果实中提取500毫升果汁。你可以将果汁冷冻起来，放在浮冰的壶中待以后食用，或者趁新鲜食用。用4汤匙橄榄油，1荤匙蜂蜜和1茶匙水豆汁。或用某种方式将它乳化成雷莫拉酱（rémoulade），并储存在冰柜中，以备食用。

苹果沙棘果酱

将700克脆皮苹果、300克沙棘果肉混合在一起，撒上1公斤糖粉，煮沸，烧至凝胶，加入一根香草棍和一点肉桂粉加以提香。最后，装罐。

山楂树

白刺（Épine blanche）、白灌木丛（buisson blanc）、贵族刺（noble épine）、五月木、五月刺，拉丁文名为 *Crataegus laevigata* DC 与 *Crataegus monogyna* Jacq.，蔷薇科

对意大利山楂不要手下留情

因为，山楂树很多，在法国所有的农村，它都是很常见的植物。它们生长在路边、田野四周，还有密集的小矮树丛中。山楂令人感到熟悉，而且总能在流行的习俗与传统中找到它的身影。作为药用植物，它尤其被用于治疗心脏病；对于迷信的人，还用它来辟邪。山楂也是食用植物，话说回来，要小心贪吃鬼。山楂总会被组合在果酱、果冻中——哪怕是意大利山楂，它是山楂中占有绝对优势的一种。

山楂树上的小红浆果极具吸引力，不只小鸟会去啄食它，在夏季散步的"闲云野鹤"，又怎会放过它？人们对它有点儿失望，是因为它的果肉中含有淀粉，这使它不能成为最好的野生水果。然而，人们还是喜欢它，还叫它山里红（cénelle），或者"瓢虫"（coccinelle），恐怕是因为它们的外表而有了这样的称呼，还是让我们耐心地在这两丛灌木之间多待一会儿吧。

然而，在果子熟透的时候，我们拖延时间，直到为时已晚，当来到这些小浆果面前时，我们只能捏着鼻子。考古发掘表明，在新石器时代，山楂曾被储存在罐子里。就在距离此处不远的地方，

植物学小贴士　小型树木，或是大型灌木，2—4米高，非常刺手，其树干呈灰褐色。落叶型植物，叶片深度凹陷、单只，大托叶型。4—5月间盛开白色的单只小花，5片花瓣，香气扑鼻，郁郁葱葱。山楂树的果实：红色椭圆形浆果，长时间挂在植株之上。

山楂树不仅能成为一棵美丽的树，而且还带来了丰硕的果实

在中世纪曾是乡村，那时的山楂就像所有可食用的植物一样，都或多或少含有淀粉，人们便把山楂淀粉制成了一种臭味面包（mauvais pain）。

路边的"瓢虫"

在夏天，沿着路行走，你绝对不会错过山楂果，因为毫无疑问，它们是法国植物区域中最常见的浆果。山楂果实呈红色球状，如果不够成熟，则带着一点微酸，无论这些果实来自什么品种，成就它的绝非只是一堂系统的植物学课所耗费的时光。随后，你恍然跌倒在一棵山楂树旁，或许会发现数不胜数的果实，觉得幸运儿一定非你莫属，竟然发现了一棵意大利山楂树（见第44页）。你在小谦虚的意外收获下，淡然地自我安慰道：我竟没有找到亚利马太的约瑟（Joseph d'Arimathie）那传说中的圣杯（le Saint Graal），它就藏在山楂树跟前。

强效山楂！

将所有收集来的山楂果放在一个容器中，用一种度数较高的酒如烧酒或伏特加等浸泡。在日常室温下于密封的容器里浸泡1个半月，不时地搅拌一下。过滤、装瓶，并存储几个月，之后就可以开始品尝了。

山楂果冻

山里红果中含有一颗与其大小相当的核儿，为了令果子讨喜，果冻比果酱或者蜜饯更可取。

将500克果子放进250毫升水中，加入柠檬片，以文火煮10—20分钟。将果子放入蔬菜研磨机中去除内核。加入500克糖，不盖盖子煮30分钟，搅拌。装罐后，冷却存放。与自制的白肉、家禽，以及熟制蔬菜一起食用。

意大利山楂树

南方山楂树（Aubépine du Midi）、意大利山楂树（azarolier）、西班牙刺（épine d'Espagne）、那不勒斯枇杷（néflier de Naples），拉丁文名为*Crataegus azearolus* L.，蔷薇科

矮树丛里的"小苹果"

意大利山楂树可以被定性为一种大型山楂树。它是一种生长缓慢的小灌木，在地中海条件下，它会长成一棵小树。这种植物就自发地生长在地中海的周边区域。它习惯于干燥、贫瘠的土壤，甚至可以生长于石灰岩中，当然，它也可以适应疏松的土壤。在意大利山楂树上，什么都很大：它的叶子比一般山楂树的叶子要长，还有它的果实也更大。这些野生物种的果实直径有2厘米大小，有些花园中的品种，如"白果"、"加拿大山楂"与"大山楂"的果实直径能达到2—4厘米，颜色有红有黄。此外，它们的口味也有所不同。不可否认的是，曾经在普罗旺斯（Provence）与朗格多克（Languedoc）广泛种植的意大利山楂树，对今天有着十分重要的意义，它成了传统果树的一种。到19世纪末，有大量关于意大利山楂树的培植记录，比如与梨树（poirier）、木瓜树（cognassier）、枇杷树（néflier），以及一般山楂树（aubépine）嫁接的记录。有许多关于意大利山楂树的不同描述：木本的、意大利产的、西班牙产的、加拿大产的、弗吉尼亚产的，还有皮绍荆棘（épines de Pichau）、意大利红斑山楂树、意大利山楂苹果树、意大利山楂梨树等。过去因隐晦而不能明了的事物，今天却在人们好奇的发掘中得以发现，即，并非所有的山楂果实都有着同等的质感，它们中有些相当面糊。

植物学小贴士　大型灌木，或者树木，可以长到10米高。树枝轻微带刺，落叶型植物，叶片细长、角形，长度在3—7厘米不等，呈现微裂的三齿叶形状。雌雄同株的白色蜜液花朵，汇集成伞房花序，带着芳香，却不讨人喜欢。意大利山楂树的果实直径能长到2—3厘米大小，其中含有2颗或3颗籽儿。

"臭得" 恰到好处

　　即使意大利山楂树脱落的花朵会散发出一种非常难闻的气味，也千万不要在它开花的季节移植它，要耐心地等到9—11月采摘水果的时节再移。意大利山楂就是土语里所称的山里红，或者腮红果（pommettes）。意大利山楂树多产：它果实累累，不枉繁花盛开一时。无论是野生的还是栽培的，一棵俊美成熟的山楂树每年可以出产超过20公斤果实。这种果实的果浆或多或少有些面糊，略带甜酸。每颗山楂果都含有三粒小巧的硬籽儿，用它做种的意义不大，因为这种植物需要两年生长期（这就是为什么人们总喜欢嫁接）。很久以来，意大利山楂被用在面食、糖浆或者果酱中，以缓解腹胀与呕吐。在乡村，山里红往往用醋腌制。在中国，意大利山楂被切成两半，然后晾干。这些干果随后会被用作调料，或者用于泡制。然而，中国人有一种带劲的做法！将山楂果串起来，浸泡在焦糖或冰糖里，有点像法国乡村集市上的甜心苹果（les pommes d'amour），不过前者要小得多。真是色香味俱全！

不要将意大利山楂树与美洲酸樱桃树（acérolier）相混淆，它们虽然同根同源，但后者结出的是酸樱桃（acérola，拉丁文名为 *Malpighia emarginata*），或者称为安的列斯群岛樱桃（cerise des Antilles），在干货形式的贸易中越来越常见

还有什么其他的吗？

　　在饥荒的年代，烤过的意大利山楂的种子看似只有它被当成了咖啡的替代品。然而，几乎所有的果子都被用于这个蹩脚的用途。其实做成果冻更可取。将洗净的果子煮上，直到它们开裂（计时1小时），压碎尽可能多的果肉，去掉籽儿。称重并加入果肉总量一半的糖粉。煮至呈现小珠子即可。装罐后，将它列入你精心制作的果冻与野生水果酱的收藏系列里。

野车厘子树

樱桃树（Merisier）、鸟车厘子（cerisier des oiseaux）、野甜樱桃树（guignier sauvage），拉丁文名为*Prunus avium* L.，蔷薇科

野味十足

走在乡间的路上，我们时常会看到独自的一棵野车厘子树，它让人一目了然，我们会被它吸引而来到树下。然而，树上的小樱桃酸得很，口感越酸，肉质越薄，少有甜味，根本无法与花园中多汁的水果相提并论。在识别这种野生果类之前，让我们在樱桃的家谱中大致地巡视一番。生长在野外的品种包括大型的欧亚混种李属樱桃树（*Prunus avium*），这是一种甜樱桃；还有要么平淡、要么味酸的小型的欧亚混种李属樱桃树（*Prunus cerasus*）。经过几千年的选择以及近些年的杂交，人们所培植的车厘子树（cerisier）已有600种。在野生车厘子／樱桃树（merisier）中，源自毕加罗甜樱桃（bigarreau）的肉质厚实，而源自吉涅小樱桃（guigne）的肉质松软。酸车厘子树结出的吉涅小樱桃果汁色深，结出的酸樱桃（amarelle）果汁色泽明亮。最后，两个物种之间的杂交，产生了一个中间类型，即公爵（duke），或叫英格兰车厘子（cerise anglaise）。我们遇到的野车厘子树也可能是被果农遗弃流落民间的，那些再次流落民间的非野生品种有酸樱桃树，或者叫真樱桃树，它很常见，是唯一的一种生来就不被果园种植待见的果树。然而，它是一种生机勃勃的树，被从里海（la mer Caspienne）海岸传播到欧洲的所有森林，直到18世纪，就如同橡树所遭遇的那样，它被皇家发出的一项法令阻止了扩散。

车厘子酒

4—5月间樱花盛开，在花团锦簇的几个星期后结出樱桃果实。它们起初是一茬红艳艳的果子，经历演变后，

15—30米高，大冠树木姿态。落叶型植物，叶片完整，边缘呈锯齿状，13厘米长，悬垂，底部有2个淡红色的小疙瘩。花朵单只，5片花瓣，4—5月间白花锦簇。其果实为果肉柔软的核果，挂在一串长茎上，先是红色，成熟时近乎黑色。

你会看着它们变成黑色。果实最终是甜还是酸，取决于树本身。最麻烦的莫过于去与非常喜欢樱桃的鸟类竞争。樱桃树的名字来自拉丁文中的 *Amarus cerasus*（苦樱），也可以用苦樱桃来描述其果实的味道，别有一番可圈可点的风味。再者，在我们清新空旷的森林里，还生长着圣卢西亚木（bois de Sainte-Lucie），在拉丁文中意为梅樱（*Prunus mahaleb*），它的名字要归功于孚日山脉的圣卢西亚修道院，梅樱就生长在修道院的附近。这种"假"樱桃树（faux-merisier）的果实小而苦，让人提不起任何兴趣。你可以随手去摘树上的樱桃（merise），然而，你一旦习惯了花园里的大车厘子（cerise），就会觉得那梅樱寡淡无味。而这梅樱和所有其他的苦味樱桃——长柄黑樱桃（guignes）以及酸樱桃（amarelles）——与酒精可谓绝配。在阿尔萨斯（Alsace），它们被用于制作樱桃酒（kirsch）：英国的樱桃白兰地（cherry brandy）、意大利的马拉斯加酸樱桃酒（marasquin）。即使这些酒不再享有进入当地酒窖的特权，其他应有尽有的烧酒（eau-de-vie）还是会令你心满意足的。

苦车厘子烧酒

装满一罐子樱桃，保留一小节樱桃梗，并在表皮上刺三个针孔，加上甜味烧酒（每升果味烧酒兑入350克糖）盖紧。放在地窖里至少3个月，然后，开始一小杯、一小杯地品尝。

樱桃开胃酒

一份不用果实而利用叶子的食谱。洗净并沥干40片樱桃树叶。在1升红酒中浸泡2天，加入40块方糖。之后将它过滤，并加入一杯樱桃白兰地（*kirsch*），随后装瓶，放置时间越长越好。要知道，利口酒只会随着时间的推移而越变越好。

樱桃，不二之选？在野外的大自然里，它可是应有尽有

栗 树

树中食粮，拉丁文名为*Castanea sativa* Mill.，壳斗科（Fagacées）

"树中食粮" 的趣事

栗树（châtaignier）的名字得自卡斯塔尼斯（Castanis）古城，位于蓬省（la province du Pont），在土耳其，如今的人一致认为这种植物原产于小亚细亚（Asie mineure）与南欧（Europe méridionale）。据说，它是由罗马人带回塞文（les Cévennes）的，更确切地说，这推动了栗子树的种植。由于更古老的化石是在靠近栋兹纳克（Donzenac）的科雷兹（Corrèze）被发掘出来的，人们便将这种植物追溯到中生代地质（Secondaire）的次生植物，在其他被发现的化石形式中还有花粉颗粒。经鉴定，这个地方就处在

此栗子，彼 "栗子"？

两者都由栗树所生。之所以叫 "栗子"（marron），是因为它那长满了刺的栗壳中含有一颗果仁儿，真栗子/板栗（châtaigne）也像这样，而且它的果仁呈多瓣状。另一个显著的特点表现在假栗子的果仁没有分隔，而板栗刚好相反。然而，吃起来两者都一样好吃。无论是假栗子，还是真栗子，只是品种不同而已。从合法性上说，一系列栗子的变种产物中只有不到 12% 的果实有分隔。无论如何，不要与印度栗树/七叶树（marronnier d'Inde）的果实相混淆，后者多做装饰的油料之用。

拉斯考克斯（Lascaux）洞穴附近。自古以来，板栗（chataigne）一直是酸性土壤地区人类食物的组成部分，比如塞文、科西嘉（Corse），以及勒·佩里戈尔（le Périgord）、勒·利穆赞（le Limousin），还有阿尔代什（Ardèche）……

在中世纪就存在丰富的烹饪制备栗子的配方。栗

植物学小贴士　树高30米，笔直的树干覆盖着一层裂开的树皮。落叶型植物，叶片交错生长，20厘米长、坚韧、齿状边缘，在冬季干枯后，叶子仍能保持一段时间。雄花被包裹在黄色的底托上，有12—20厘米长，小巧的雌花长在底托里面。栗树的干果（瘦果）就裹在一颗刺手的栗壳之中。

子粉在法国南方被称为树中食粮／面包树（arbre à pain）。栗子的种植从19世纪开始衰落，工业革命清空了当时在农村的居民。马铃薯取代了栗子。祸不单行，一种病虫害缠住了这种坚果树，给了它致命一击。这大片栗树密布之地，不失为秋天里散步的一个好去处，况且顺道还能搜集那掉落的数不尽的果实。

森林海胆

　　板栗在初秋收获，由于地区与气候的不同，收成一直延续到11月。一旦将树定位好了，果实填满篮子就和玩一样轻而易举。不要犹豫，用棍子轻轻地刮落果实，让那些还未掉下的顽固派脱落。（不要在树下等候：会扎人！）把栗子捎回家中，如果没能马上在壁炉里烘烤，也要有条不紊地处置好你收获的果实。在60°C的水中将它们煮15分钟，或在沸水中煮5分钟，以便使它们的外壳更容易剥落。之后，你可将它们放入罐子中与空气隔绝，或者冷冻，以备后用。

1923. – Bois de Meudon-Clamart. – Ramasseurs de Châtaignes. – G. I.

收获栗子时，弯腰在地上捡起的，远多过在树上挂着的

纯正而顺滑

　　一旦经过浆洗，并提纯，栗子肉糜本身就足以搭配家禽、鱼，或者熟食冷盘。它与森林的所有野味都搭调，比如牛肝菌（cèpe）和鸡油菌（girolle），又或者与大茴香子香精（saveur anisée du fenouil）、芹菜和布鲁塞尔卷心菜搭伴，都再合适不过了。你可以附加一小点小茴香（cumin）或肉豆蔻仁（noix muscade）来提味。

　　在糖的配比基础上，做出一份奶油。在1公斤去皮的栗子中加入600毫升水和一小撮盐。持续在水中煮，直到制成果泥。

　　经过搅拌机加工，用300克糖加一点水制成糖浆。将果泥与糖浆混合在一起，再煮15分钟，再加入1汤匙可可粉，调制均匀，便好了。

栓皮栎树

土名也叫Corcier与surier，或是suve，拉丁文名为*Quercus suber* L.，壳斗科

另一种树中食粮

我们之所以选择栓皮栎树 / 木栓槠（le chêne-liège）加以描述，不仅因为它广泛地分布在地中海地区，而且它的橡子更甜和更香。另有软木栎（chêne pédonculé）、圣栎（chêne vert）、须根栎（chêne chevelu）等，它们的个头较小。然而，以下所有迹象都适用于我们森林中绝大多数的橡树 / 栎树（chêne）种，它们结出的多是苦果。对于 19 世纪的城市居民来说，橡子总是能让人想到猪食，更宽泛地说，它与某些农场动物的食物相关。然而，在之前的几个世纪里，乡村里的人常常把橡子当作食粮。在南方的一些国家，橡子本身就是一种食粮，比如在葡萄牙、西班牙，或是意大利等地都有出售。

在法国缺水的时期，人们重新审视了这种植物，特别是在 1709 年的饥荒期间，那时的面包是用橡子面做的，因为橡子是一种非常有营养的果实，富含淀粉。橡子中含有的丰富的单宁酸会带来苦涩，只需浸泡，它便可收敛；在清水中煮熟即可。另一种制作方式是烧烤，这样可以降低其粉面的质感；就在你的身边，可能会有一位老爷爷跟你讲，在"二战"法国被占领期间（l'Occupation），橡子曾经是咖啡的替代品。

以橡子为食

通常是在第一次霜冻后，人们拾起掉落的橡子，上面呈现出一种好看而均匀的棕色。当然，有些人建议让它们先度过整个冬天再捡拾，然而，如果等待太

肉中的橡子"味"

骑马横跨西班牙和葡萄牙大型农场，遍地满是栎树，它们被指定为供给的食物。黑猪以甜橡子充饥，肉中带着天然的橡子香味，特别是用它来制作意大利面的内格拉火腿（jambon Pasta Negra），这令西班牙人感到十分骄傲。

久，得到的可能是很大比例的虫蛀橡子。脱掉外壳后，仍有必要将橡子外侧的两层包膜清除。要做到这一点，势必要划破橡子，将其浸在一锅沸水中，煮上几分钟（就像处理板栗一样）。用刀尖去除（皮革一般）坚韧的外皮，还有粘在果仁上的果皮。在水中煮沸，将其尽可能地捣碎。单宁酸在释放的过程中呈现为栗色，重新换几次水，直到变得透明。如果你足够幸运，遇到一条小溪，或者刚好在喷泉附近，便可以用大网布兜住橡子，浸泡4—5天。再将它打碎成坚果泥，以备熟食拼盘之用（冷藏尚佳），或将它置于露天干燥的环境，打碎成粉末状以充当面粉之用。再不然，可以到有机食品店购买橡子面粉。然而，坦白地说，一旦如此，就不那么有趣了。

橡子泥

将橡子如栗子一样煮熟。你可以采用这样或那样的方式调整食谱。最简单的是橡子泥，如正文所示。加入一点儿黄油，或整块新鲜奶油，用刀尖挑入一点儿肉豆蔻仁，再与白肉、红肉或烤香肠一起食用。

54 SAINT-CAST — Le Gros Chêne Vert. — ND.

　　每个城镇／公社（commune）都有自己的大橡树。这棵来自阿莫尔海岸（Côtes-d'Armor）的绿色大橡树，展现出了它不依附于地中海的本质

榅桲树

赛顿苹果（Pomme de Cydon）、赛顿妮梨（poire de Cydonie），拉丁文名为 *Cydonia vulgaris* L.，蔷薇科

上等榅桲

在亚美尼亚（Arménie）、土库曼斯坦、波斯（Perse）北部，以及里海周边林区生长着这种野生榅桲树。从古老的波斯到安纳托利亚（Anatolie，现土耳其亚洲部分），榅桲在那里根植了四千多年。然而，你却不必走那么远就能采摘到优良的榅桲 / 木瓜（coing）。作为我们果树遗产的一部分，榅桲培植曾受到查理大帝（Charlemagne）的鼓励，它广泛分布在自然界中，还总是种植于临近的耕地与葡萄园，往往也成了农业的残余弃物。在以往的西南部，它仅供给洛特－加龙（Lot-et-Garonne）、塔恩（Tarn）以及图卢兹（Toulouse）周边等地。在奥尔良（l'Orléanais），人们用榅桲果酱来制作一种当地的水果烙，这就是为什么这种果树仍然广布于装饰中。榅桲酱果烙源自普罗旺斯，顺便说一下，这种非常普罗旺斯的果树当属实至名归。上好的品种都是上了年头的大树，在采摘中，你将有机会不知不觉地遇到，即使是与其中的一棵相遇。

偷盗者的榅桲

榅桲树叫作偷盗者之手（la main du chapardeur），无论是在乡村还是城市，或者郊区都一样，它在古老的花园中极为常见，其树枝从栅栏上伸出来。同样，更令人满意的是，这种水果树产量喜人，它给主人带来的水果远超过其所

植物学小贴士　树高6—8米，姿态蜿蜒。枝丫稚嫩而颤悠悠。落叶型植物，叶片稍长、完整，6—10厘米长。花朵单只，5片花瓣，直径在4—5厘米之间，呈粉白色。榅桲树的果实稍长，像梨，底部保留有轻微的果棱，毛茸茸的果皮，成熟时变得金黄，香气四溢。

香水师的榅桲

在乡村，将生榅桲放在衣橱和抽屉里，让它散发出那难以捕捉的略带黏腻的香气。此外，还要确保其完好，哪怕有丝毫的腐烂迹象，也要将其移除。

能食用的量，这一点它和柿子（kaki）很像，不论是自己落在地上的还是腐烂的，比我们采摘到的果实还要多。此外，一只榅桲的重量往往在200—300克之间，几只加起来足够为食谱备用。如果当真担心，不妨等到夜幕降临。榅桲收获的季节在9—10月，那时的夜幕早早就降临了。收获榅桲你要挑成熟的摘，不要犹豫，用鼻子去闻一下它们那微妙的香味。你不要将它们与其他水果混合放在一起，因为榅桲的味道可以迅速地盖过其他水果的香味。

上好的果烙

将1公斤榅桲去皮、去籽，并切成四块；将未经处理的橙子切成片加入其中。用水没过，煮沸，再以文火慢炖，一直煮到果浆状。将它沥去水，量取一定榅桲果泥，加入相同量的糖粉再煮。煮沸后，用文火煮1小时，定时搅拌，以免糊底。视自己的情况可加入1袋香草糖，或者几滴橙花，或玫瑰花瓣水。之后将它倒入扁平的模具中，晾干。干燥时间越长，面皮越结实，从前的人甚至会将其晾至2—3个月。晾干后从模具中取出，并切成片状，或者骰子状。

榅桲适合自制所有的果制品：果酱、果冻、利口酒、烈酒和葡萄酒

欧亚山茱萸

欧亚雄山茱萸、茧子树（cornier）、锭子树（fuselier），拉丁文名为
Cornus mas L.，山茱萸科（Cornacées）

瑞士弹珠

在法国的植物区域中存在着两类近似的物种：一
是欧洲红瑞木（cornouiller sanguin），二是欧亚雄山
茱萸（cornouiller mâle）。它们之间尤其以果实的颜色
作区分，前者的果实为黑色（这要归功于其红色树皮），
而后者的果实则为红色。黑色果实
经常被人怀疑与忽视。相反，欧亚
雄山茱萸那通红的果子既好看又饱满，
在果园里当属实至名归，曾经，它还跻
身于经典果树之列。于是，我们更有理
由去发现这种植物。欧亚雄山茱萸在东南
部地区分布广泛，值得一提的是，它即便生长
在石灰岩土地，都能活得很自在。在东部的香槟 -
阿登（Champagne-Ardennes）也能找到这种植物。而
在西南部它却十分罕见。然而，在凯尔西（Quercy）
地区也很容易找到它。在大型花园中，将欧亚山茱萸
种植在景观树篱中，尤其是在花期早到的时候，它便
成了蜂群苏醒之后一处绝佳的聚集点。

在北部和东部地区，欧亚山茱萸的红色果实

罗马人的号角

号角（cornus）的由来要归因于其木质的硬度，它像动物的角一样坚硬，
罗马人称它为"铁木"。这是一种跻身于诸多硬木、防朽的物种行列的称呼，为
人所熟知。"铁木"也是小灌木林中独树一帜的名字，成为交战者在地上竖立的
标枪（javelot），或作为标明意图、示意界线的标识。很久以前，新石器时代
（Néolithique）的人们在大火过后，会砍下它树上硬化的部分作为木桩。

还有一个甜美的名字——"瑞士弹珠"（couilles de Suisses）。请不要问这是为什么，因为调查研究也有其自身的局限性。这也是来自法国北部与比利时等地甜点的名字，从前，那里没什么水果。

红色满园的九月

到了八九月份，人们便可以出发去摘欧亚山茱萸了。它们散发着耀眼夺目的红光，采摘就一定要摘带有轻微皱纹，甚至是熟过头的果子，此时它们也开始往小灌木掉落。你可以在植物下面撑起一张大网，就是那种用来采摘橄榄的网。欧亚山茱萸的果浆发甜，充满香味，而且富含维生素 C。从土耳其到伊朗，人们都在食用腌制的、未成熟的欧亚山茱萸（干涩至极），亚美尼亚人将它们浸泡在盐水中，就像橄榄一样，他们对这种果实情有独钟。香甜的果肉让欧亚山茱萸成了畅销的纯天然果酱、果冻、葡萄酒、酸辣酱，抑或红沙司，它们就像树上那红色的浆果一般，令人意犹未尽。

17 EGYPTIAN TYPES AND SCENES. — Sherbet Seller. — LL.

冰果子水（sherbet），一种源自东方的饮料，sorbet（果汁冰水）这个词，最初出现在波斯语中，用欧亚山茱萸制作。在伊朗，这些水果也以干果的方式食用，在俄罗斯，也会以糖渍配合茶食用

欧亚山茱萸酸辣酱

制作果酱，或者果冻时，请从车厘子、草莓或者小浆果的食谱中汲取灵感。不妨让我们将其用在这一酸辣酱上试一试。

将两颗酸苹果果肉切成骰子状。

加入500克欧亚山茱萸（参见刺蘖食谱，本书第57页），另有200克糖、1汤匙金色葡萄干、1杯红酒，还有肉桂粉、姜粉和肉蔻粉（每份1/2茶匙），在文火上煮1—2小时。配上白肉、家禽，以及清蒸蔬菜一道食用。

犬蔷薇

犬蔷薇果（Rose des chiens）、玫瑰果/蔷薇果（gratte-cul），拉丁文名为*Rosa canina*，蔷薇科

带毛的果实

幸运可不是白得的，就算你逃过了紫黑荆棘树莓（ronce）、黑刺李树（prunellier）锋利的刺儿，你也难逃这种心形植物的毒手，它的刺儿多到总能将人刺伤，令人不快。请耐心一些，不要生气，还要补上植物学这一课。首先，学习植物要从它的名字的词根开始，这种植物的名称源于犬类传播的狂犬病的治疗而得名。在犬蔷薇/野玫瑰（églantier）之名下，它暗含着几种被看作野蔷薇（rosiers sauvage）的其他植物，最常见的品种是犬玫瑰（la rose de chien），或者犬蔷薇（le rosier de chien），其拉丁文名为*Rosa canina*。在装饰花园之前，蔷薇不时地被作为药物精华加以利用。为了造就"我们的"玫瑰——高卢玫瑰（*Rosa gallica*），各种各样的蔷薇从东方（Orient）被带了回来，其中还有来自大马士革（Damas）的品种。如今，犬蔷薇在小矮树丛中依然扮演着它的角色，常被用来与现代美观的蔷薇嫁接。只有欧洲野蔷薇（cynorrhodons）这种果实在应用性的植物中是可食用的，直至今日，它不仅可以作为药用糖浆，而且还是秋冬采摘的美食。

犬蔷薇的花也可食用，最惯用的方式是为茶叶提香

L'ÉGLANTINE

植物学小贴士 荆棘灌木，至多能长到3米高。柔韧的细枝带着锋利的钩刺，生成一道密不透风的植被。5—7片齿状复叶。在6—7月之间开花，有白色、粉红色，5片大花瓣排列在单支的花冠上，长着许多黄色的雄蕊。犬蔷薇的果实包裹在红色欧洲野蔷薇中的瘦果，就像椭圆形的浆果一样。

顽固不化

犬蔷薇的果实以其丰富的维生素 C 广为人知，每 100 克果实中有高达 1200 毫克的含量。由于这种维生素在高温下相当稳定，哪怕烧煮过后，还是会有几乎一半的维生素留在果酱中。

知无不言、言无不尽

玫瑰花代表审慎，可以在共济会（francs-maçons）成员、玫瑰十字会成员（rosicruciens），以及其他秘密社团的成员中找到这种象征符号，它要人们做的更多的是保守秘密。而这也是美食家所要知道的一切。像许多野生浆果一样，最好是在第一次霜打过后，去采摘那些已经熟透并上冻的欧洲野玫瑰果。

然而，由于很难在一类物种与另一类之间做出区分，你最好能赶早在秋天有一些收获。对于早早就采摘下来的果实，保存的诀窍是将它放在冰柜或者冰舱里存上 2 天，使它结冻，方便后续处理工作。清洗果实后，用水没过它，煮沸后再以文火煮 20 分钟，然后通过泥浆器，用筛网过滤。如果看起来还是太过浓稠，而且籽儿和须子剩得过多，那么，还要重复操作。可以将得到的一份果浆作为食谱的基础，比如通过添加不同比重的糖，制作出一份果酱，或者果冻。它们是美味的伴奏，比如与白奶酪（fromages blancs）搭配。差不多就这样，一颗颗"果子"浓缩成了甜美。嬗变：切莫妄言！野玫瑰花一直是复活的象征，在数字 5（花瓣数量）下面的凹凸印记，总是在刻画炼金术士的嬗变（在红葡萄酒篇章中，未完再续）。

欧洲野蔷薇果肉软糖

配量表：
150克欧洲野蔷薇果肉
70克面粉
150克半盐黄油
150克粗粒糖
3个鸡蛋

将黄油在文火下熔化，从火上取出，搅拌入欧洲野蔷薇果肉中。

在碗里放面粉，呈一个凹状，将混合物放入，然后一个接一个地打入鸡蛋。

将黄油涂抹在模具上，在预热过的烤箱中以5挡恒温烘烤10分钟，直到蛋糕表面呈金黄色。

刺蘗

也叫Vinetier与berberis，或者barbérie、木本酸模（oseille des bois）、伊朗野生蓝莓（myrtille sauvage d'Iran），拉丁文名为*Berberis vulgaris* L.，小蘗科（Berbéridacées）

害人不浅的锈病

Epine vinette

小麦（blé）虽然是人类食物中的重头戏，但它也有死敌：可怕的黑锈病。由农民主导的斗争与农业生产的源头一样古老：在三千三百多年前发现的盛装小麦的储存罐里，还有小麦锈病真菌（*Puccinia graminis*）这一责任源的踪迹。圣经中详述了这一罪责（可以在旧约全书的《哈该书》中读到"我给你们以锈病、黑穗病与冰雹病之创"），这揭示出了18世纪的秘密，而对寄生虫周期的研究表明，刺蘗（épine-vinette）充当着次生宿主。到了19世纪，人们开始拔除小灌木，甚至要将它在农耕地中根除，并把它封闭在围栏、树篱与矮树丛中。事实上，伴随着植物的急剧减少，由它们引起的疾病也随之减少。

自19世纪末以来，耐受性小麦品种与流行病交替出现。20世纪的整个

植物学小贴士　小灌木，1.5—3米高。落叶型植物，叶片完整、边缘有细齿，枝杈繁多，还满是刺手的荆棘，生成一道密不透风、坚不可摧的灌木丛。在4—6月之间，开出一小串一小串的黄色悬垂的花朵。刺蘖的红色果实，略带白霜，6—12毫米大小，呈细长的橄榄形状，8—12颗浆果组成一组。

上半叶都在煎熬：1935年，寄生虫摧毁了美国1/4的农业生产。20世纪60年代，温性小麦黑锈病几乎被遗忘，直到刺蘖再一次中招，在荆棘（épine）中卷土重来，就连业余爱好者的花园也难逃此劫。此后它几乎销声匿迹，然而直到20世纪90年代，它又再次爆发：1999年，一支Ug99菌株在乌干达（Ouganda）被发现，随后，它穿越波斯湾，蔓延到俄罗斯、乌克兰与中国，威胁到世界近40%的小麦产量。而新的耐受小麦品种正在试验中。人们双手合十，祈祷。在此期间，只能任由刺蘖肆意生长。

鲜红多汁

刺蘖一直是传统药典中的一例，因为它含有具消炎（anti-inflammatoire）和抗菌（antimicrobienne）功效的黄连素（berbérine）。然而，一旦剂量过高，它也会产生毒性。因此，要区分出那些富含黄连素的未成熟果实，它们可用作调味品或者酱汁，而成熟果实并没有黄连素。成熟的刺蘖果实富含维生素与矿物质，有着与欧洲野蔷薇/犬蔷薇一样的食用方式，可浸泡后食用，或者做成清凉饮料。此外，它还可以做成可供贸易出售的干果（波斯语名为zereshk）。在家里将其晾干倒也同样容易。刺蘖树的果实看起来有点像欧亚山茱萸/山楂（cornouille），但并不存在混淆这两种小灌木的风险。永远收获成熟的果实，它们鲜红，而且多汁。

果浆和果汁

只需挤压果实，以获得一杯上好的果汁，趁着新鲜，将它与白肉、鱼肉、扇贝，或者鹅肝片搭配食用。果浆也能派上用场。将果实放入水中，稍稍煮沸，用捣杵压碎，然后放入瓷碗，将果浆与籽儿分离。果浆与果汁用于制作果酱或果冻。在果浆中（250毫升）加入2汤匙蜂蜜，用于调制美味的酱汁，以搭配鸭胸肉、鹅肉及一般家禽肉食用。

醋腌花苞，光盘！

抑制刺蘖果实的酸性，使之成为配得上高级醋腌花苞的上等调味料。在1公斤果实中撒上2或3勺细盐面，加入1升白醋，紧紧地封住瓶罐口。一个月后，再去寻觅醋腌花苞中的趣味。

仙人球树

仙人掌属（Opuntia），拉丁文名为*Opuntia ficus-indica* L.，仙人掌科（Cactacées）

一路向南

征服者（尤指 16 世纪征服墨西哥和秘鲁的西班牙人）是第一批知道仙人掌（opuntia）的欧洲人，它原产于墨西哥。人们在贡萨洛·费尔南德斯·德·奥维多（Gonzalo Fernández de Oviedo）的作品《西印度群岛自然史》（*Histoire naturelle des Indes occidentales*）中第一次发现了关于这种植物的描述，他于 1535 年去过那里的巴尔德斯（Valdés）。仙人掌的果实在市场上随处可见，现在依然如此。尤为突出的是胭脂仙人掌（nopal，仙人掌的当地叫法）的种植，以饲养征服者感兴趣的胭脂虫（cochenille）。它是一种小昆虫，一经粉碎，呈现出最为美丽的自然活体红色素。他们试图将仙人掌的种植转至南欧，但仅限于加那利群岛（l'archipel des Canaries），到了 19 世纪晚近时期，那里的人们渐渐地被这种植物所折服。再次将它移植扩展至整个地中海盆地，使之出现了一个植物学奇观，仙人球树（figuier de Barbarie）很快便适应了这个地区，并生长成为地方植物的一个劲敌。仙人球大量的种子不但容易经鸟类传播，而且繁殖得特别有效。在法国南部，不必一定是园丁，折取几个球把儿，直接放在地上，即使把它们遗忘了，它们自己也能存活、扎根。直到今天，这种密不透风的防御小矮树丛仍会令入侵者望而却步。

世界果

仙人掌的果实伴随着所有的旅行者，作为维生素 C 的来源，它可以用来对抗航行船上的坏血病（scorbut），这对物种扩散大有助益，它相应地到了南半球，留尼汪岛（la Réunion）、毛里求斯（l'île Maurice）、马达加斯加（Madagascar）、澳大利亚（Australie）、印度（Inde），还有新喀里多尼亚（Nouvelle-Calédonie）……

植物学小贴士　多浆植物,超过3米高、4米宽的一大簇,顶着椭圆形的冠,球拍形状,30—40厘米长,10—20厘米宽。植株上装饰着许多强壮而锋利的刺儿,但也有又细又软的小刺儿,它们就覆盖在果实上。夏天开出黄色的花朵。仙人球树的果实呈椭圆状,可食用。

简单的脱刺法

　　仙人球树遍布地中海周围的环境,成为这里的一部分自然景观。人们都记得雕刻画中所描绘的塔拉斯孔的达达兰(Tartarin de Tarascon)追捕狮子的场景,在那里仙人掌遍地丛生。在普罗旺斯、朗格多克—鲁西永,还有科西嘉,靠近居住地的干燥的矮树丛中,遍布干巴巴的仙人掌。在夏季里这些地区甚是炎热,它们结出了刚好在夏季成熟的水果。仙人球的果实是一种肉质浆果,颜色从浅黄到绛紫,由于它们的品种各异,其果实也大小不一,重量往往在150—200克之间。果实大,培育出的品种将会更大些。收获时有必要戴上一双厚实的手套,以保护双手免受"球把儿"之刺,然而,点缀着果实的不也正是这些危险的毛刺吗?在炎热地区的集市上,常见的一种做法便是,用几层厚厚的报纸将其包裹,使劲地摩擦果实的表皮,这种简易的脱刺法却能有效地脱去大部分毛刺。之后,商贩再以尖刀插入果球,一直往下切,纵向剖开果实表皮到花冠处。

法国蓝色海岸的仙人球果收获

多肉的诱惑

　　最开胃的莫过于享用那些用成熟水果做成的、带着果味、甜味、麝香与多汁的果浆。我品尝过一种仙人球果的汤,它就像旧时的黄瓜派……

　　这种仙人球果实的果浆中含有大量的籽儿,每颗果实中的籽儿最多可达200粒,肉不易咬动,必须憋足口水,把它整个儿地吞咽下去。倘若赶上一次便秘,在热带国家,它又派上了其他用场。其细腻的肉质最终可以用到果酱中,就像大柿子(kaki)一样。

无花果树

拉丁文名为*Ficus carica*，桑科（Moracées）

逃离野蛮

　　无花果树是花园与育林试验田的"漏网之鱼"，作为实验控制性果园中的一种果树，至少在南方，它的野生采摘应有尽有。它与葡萄树、橄榄树一起，自圣经时代以来，一直是地中海主要的三种水果。早在罗马时代的人们就已经知道无花果至少有27个品种。然而，关于它的生长依附于南方之日晒的说法并不属实。无花果如此美味，很早就引起了改良者的兴趣。后来经过驯化改良的无花果树，有些品种已经适应了寒冷的气候。

　　人人都惦记着阿让特伊（Argenteuil）那里美味的无花果，还有"玛大肋纳节"前后成熟的二季水果（Madeleine des deux saisons），另有帕斯蒂利埃（Pastilière）以及波尔多环岛（Ronde de Bordeaux）的果实。让我们回到于无花果树下顺手牵羊的话题，你可要知道，有些品种虽然一年开两次花，但只结一次果；另有其他的品种，一年开两次花，而且在同季结两次果。在7—10月之间，无论如何，你都要睁大眼睛、身手敏捷，自然还要调动你那千层的味蕾。

无花果的窃贼

　　以这种美味水果为特产的少数地区，一直具有规模相当可观的果园，它们主要分布在法国的东南部。

植物学小贴士　小型树木，平铺姿态，通常有4—5米高。树干蜿蜒，覆盖着颗粒感细腻的灰色树皮。落叶型植物，叶片深凹、粗糙，带着芳香，长叶柄。植株身上所有部位都含有白色刺激性的乳胶。"冒牌"果子的肉厚（实际上并非果实），呈绿、紫抑或紫棕的颜色。

N° 3. — FIGATINE. — La cueillette est terminée, les figues sont apportées à la ferme où tout le monde s'occupe d'elles. Tandis que les unes, soigneusement emballées dans des paniers, sont expédiées sur le marché des villes voisines pour y être vendues fraîches, les autres, étalées avec précaution sur les chassis, sont placées au soleil pour y être séchées.

你有耐心等到无花果晾干吗？反正我没有

然而，作为地中海地区的一种标志性树木，无花果树是不可或缺的。在那里几乎每座花园、每栋房子的周围，都栽种着若干无花果树。倘若在那里做一项关注无花果树的数量的调查研究，毫无疑问，人们对这些散落种植的果树——等于或是超过小块土地种植的数量——都不会感到吃惊。

　　徒步旅行者可能会遇到野生无花果树（figuier sauvage），或者野无花果树（caprifiguier）：在自然景观中它们比比皆是，荒地上的也是如此，然而，这些果实不可食用。无数的无花果树，硕果累累，很诱人，令过路的行人垂涎欲滴；更何况还有那些从花园里伸展到街上的水果枝丫，哪个贼人能经得住这种招摇？

　　无花果树中挂着白色、紫色、棕色的果实，还有近乎全黑色的。采摘，就要摘这种完全成熟的无花果。当地无花果的爱好者，就像近水楼台的得月者：他们总能品尝到在市集上从来买不到的水果。千万不要忽视了这种非常非常成熟的果实，它们就这样蔫巴着"耷拉"在树上。

无花果糖渍

配量表：
250克无花果
150克糖
25毫升橄榄油
15毫升醋
柠檬汁
粗盐粒少许、胡椒粒5颗
百里香
迷迭香

　　将无花果洗净并切成几块。将醋、柠檬汁与糖等混合物放入锅中，文火煮至溶解。之后加入无花果块与橄榄油，撒上盐、胡椒，再加入百里香与迷迭香，用文火煮20—30分钟，让无花果完全入味。一旦没有及时用完糖渍，请将它放入小瓶子里并做无菌隔离。无花果糖渍可搭配白肉、家禽、鹅肝食用。

无花果果酱

　　操作容易，只要记住少加糖，因为果实本身已经非常甜了：1公斤无花果配600—700克糖足矣。关火前滴入柠檬汁，最后一刻加入一点儿在干锅里稍稍烤过的杏仁粉。

木本草莓树

野生草莓，拉丁文名为*Fragaria vesca* L.，蔷薇科

木头上结出的草果

其实，自阿梅代（Amédée）从智利（Chili）带回奶油草莓（fraise blanche）——花园中饱满的草莓果实的起源——之前，我们的祖先早在史前时代就已经开始享用这种美味小巧的木本草果（fraises des bois）了。在欧洲，木本草果（拉丁文名为*Fragaria vesca*）自发地生长于树下。直到19世纪，才开始在花园中进行草果种植，这还要归功于它的药用性质。在野外与园圃实际上有大约50种草莓可以被归在"木本"的名字下，其差异足以让形形色色的变种得以分门别类。

在17世纪，这种草果被确定为卡普草莓（fraisier capron），或者双管草莓（fraisier hautbois），拉丁文名为*Fragaria moschata*。经过一次选种，它便有了两个品种——皇家卡普（Capron royal）与胭脂大餐（Belle Bordelaise）；而在意大利，人们选种得到的则是乳脂香（*Profumata di Tortona*）。拉坎蒂尼（La Quintinie）对此稍有记述，说它就像来自蒙特勒伊（Montreuil）、阿尔卑斯、巴尔热蒙（Bargemon）的草莓，又或者青色草莓。然而，让我们回到树林，先来多学一点植物学知识，再陶醉其中也无妨。

意大利葡萄酒

如果脚步将你带到托斯卡纳海岸（côte de la Toscane），你将有机会品尝到一杯草莓酒，要么红色，要么白色。令人惊讶的是，这种酒并非采用木本草莓果调味制成，而是由一种葡萄苗的籽儿带来的天然芳香，其拉丁文名为*Uva fragola*。

闻得到的草莓

从晚春开始，在阴影斑驳的树下，用你的鼻子贴近泥土，一直往树林中去

植物学小贴士　草本植物，长势蔓延，呈现高低起伏的竖立长势。叶片常绿、细碎、呈稍微起褶皱的椭圆形，齿状边缘，泛白的绿色，覆盖着一层薄绒毛。草莓放射出纤细的长节蔓，自然生长繁殖。在5—9月之间，花势长足，总状花序，就藏在叶子下面。"冒牌"果子肉厚、颗小、悬垂，簇拥支棱在真果子（瘦果akène）周围。

寻觅草莓。倘若果实依旧干爽，说明你的到来还不算太晚，作为一个采摘的新手，摆在你面前的正是辨别真假草莓的考验。这以假乱真的是委陵菜（potentille）。一旦有机会采摘到木本草果，那一定是天堂向你张开了双臂。吸入这股香味，想到芳香（fragrance）这个词归属在植物类拉丁文 fragaria 的词根下，这又是一次罗马人独到的洞察。不要受制于那种偏执联想——采摘植物会遭到动物污染——的影响，即使一眼望不到它，这一小巧的野生果子确实就长在地面上，况且完全暴露。但它无论是野生的（sauvages），还是在本地土生土长的（domestiques），我们还是要避免接近犬科（canidés）与猫科（félidés）动物出没的那些处所。

树林里的木本草莓有一股浓郁的香味，丰富而多变，招来了各种贪吃的候选者；使用它制作各种食物，无须特别在意，蛋挞、果酱与果冻，还有葡萄酒、糖浆，一切皆可

一杯上好的草莓酒

装满一整罐木本草莓，存放时避免挤压。用白葡萄酒（甜果香型）覆盖其上，让草莓在酒中浸泡一天。之后压碎果实，并过滤。让果浆透过一块滤布，以收集尽可能多的果汁。保留果浆。将果汁再醒上一宿，以便澄清，趁新鲜，过滤得到清酒。将其灌进一个1升的瓶子里，加入150毫升的液体蔗糖（或者可以用150克糖制成的糖浆），以45°的水果醇封顶。在第一次品尝前，先在阴凉处搁上两三个月。

将回收的果浆放在一边，加入20厘升全脂液体奶油、100克糖，混合后冷藏。当你在餐桌上时，将其投入冰激凌机中转一下，一份美味的冰激凌便成为你的甜点。

覆盆子

伊达峰荆棘树莓，拉丁文名为 *Rubus idaeus* L.，蔷薇科

伊达峰与风味传奇

覆盆子树原产于欧洲，它生长在海拔 2000 米以上的高山区域。从法国的孚日山脉、阿登高原（les Ardennes）、多菲内地区（le Dauphiné）到中央高原，再到拉布兰（Laponie）等所有气候寒冷的地区都能找到它，美食不为距离所阻拦。从史前时代人们便开始采摘覆盆子，它是中世纪第一批种植的果树。到了今天，尽管园艺已取得了巨大进步，为我们提供了美味的水果，花园中的野生覆盆子仍然很受欢迎。必须得说明，虽然野生的与种植的覆盆子两者大同小异，但它们却有着各自

如果你的耐性抑制了将采摘到的新鲜覆盆子都吃掉的诱惑，便可以自制一份美味的糖浆

SIROP DE FRAMBOISE
PUR SUCRE
& FRUIT

植物学小贴士　2米高的灌木，在树干上盘根错节地生长。柔软而弯曲的长茎带刺、缠手，羽状叶片，由5—7片锯齿状边缘的复叶组成，叶片底面内侧带着略呈白色的茸毛。在5—6月之间，开出单朵的白色花朵，5—10朵聚集成一簇。覆盆子的果实由一组深粉色的小巧核果（drupe）组成。

不同的形状，就像培植草莓与木本草果一样，它们之间的微妙差异依然存在。无论是野生的，还是培植的，覆盆子树盘根错节、繁殖蔓延。在大自然中，一旦放任其繁衍，它终将会形成庞大的树丛。当然有机遇能"捕获"一处这样的地方，一定可以大饱口福。

喜阳的覆盆子树

　　野生覆盆子树生长在山区，通常与山毛榉等树种结伴而生。此外，它生长旺盛，特别喜欢生长在开阔与光线充足的地方、树林的边缘、林中的空地，或者道路旁边。然而，在敞亮林间的小矮树丛中，野生覆盆子的产量却在急速下降。为了在美味的野生覆盆子面前不至于眼巴巴地观看，采摘的步行者要给自己准备一双耐用的手套，以防荆棘剐破双手的皮肉；还要准备一根棍子，以便拨开叶子找到隐藏在茂密的灌木丛下面的覆盆子；再带上一把小巧的冰斧，勇往直前，开山辟道，越过坍塌的岩石，攀爬陡峭的斜坡，徒步于那未曾有人到过的地方。因光照的差异与海拔高度不同，野生覆盆子的收获季节一般在7—9月之间。要采摘和收集到足够烹饪的数量是相当困难的，更何况在回家的路上，还有抵挡不住贪欲，想再吃上一些的冲动。

美丽而古老的传说

　　毫无疑问，爱好神话的人早已敏锐地在美丽的故事中得知，覆盆子原本是白色的，一次在伊达峰上，伊达仙女的一滴血让它染上了胭脂的娇艳。一段望尘莫及的故事一直可以追溯到普林尼（Pline，罗马自然史百科作家）所在的古老时代。

覆盆子蛋挞

　　这个食谱的独到之处，在于它对覆盆子的需求量相当大。对于小型的采摘者需要预备：100克覆盆子、4颗芳香可口的脆皮苹果（脆皮苹果皇后，或者加拿大枯叶色粗皮苹果）、50克半盐黄油、130克糖，还有1块揉好的面团。

　　将黄油切成碎屑，并将它置于蛋挞模具的底部，加入大约50克糖，然后，将苹果切片平铺其上，再加入覆盆子和剩余的糖。之后，将面饼的边缘掩入模具内侧，再将所有食材铺开，并覆盖住面饼。慢慢地放入烤箱中部，在7或8挡恒温烘烤30—40分钟。完毕后将它冷却，转动取出蛋挞，即可食用。

覆盆子冰激凌

　　除了做果酱、果冻、糖浆、水果甜食/碎末和小蛋挞之外，还可以做一份美味的覆盆子冰激凌。你需要预备：500克覆盆子、175克糖、50毫升白奶酪。压碎覆盆子，尽量去除果浆中的小果核，然后加入糖，最后掺入白奶酪。

　　放入冰激凌机中搅拌至到所需的浓稠程度，然后放在冰箱2—3个小时即可。

刺柏

普通刺柏（genévrier commun），也叫pétrot、peteron、calelièvre、guenièvre，拉丁文名为*Juniperus communis*，柏科

恩赐小鸟形馅饼

在南方的矮树丛中穿梭漫步，你一定会在无意间与璎珞柏（genévrier commun）、杜松焦油刺柏（cade）、腓尼基侧柏（genévrier de Phénicie）相遇。它们是自古以来在地中海的植物区域中被用于药用目的的三种主要植物。关于它们的类属，在著名的植物区域开始其学徒生涯的植物学家加斯东·博尼耶（Gaston Bonnier）就倾向于使用源自凯尔特语的属名——刺柏属（*juniperus*），并突出地指出了这一类属植物所具有的尖锐特性，还联系到其十足、鲜明的浆果味，还有突如其来呛人的气味。刺柏的肉质球果被称为"桧果浆果"（baies de genièvre，刺柏的俗称）、"刺柏浆果"（baies de genévrier），或者干脆就叫"桧果"（genièvre），它充斥着一种强烈的树脂味道，不过当我们知道它出自柏科这一植物家族时，这就不足为奇了。如果起初我们难免为这突如其来的味道、桧果的粗糙而感到惊讶，不妨再以这一穷人的香料（épice）、作料（condiment）的说法来迅速改变它的印象，毕竟它就是传统芳香美食的主角。刺柏通常在熟食肉品中被用来提味，如科西嘉秘制的小鸟形馅饼、野兔、野猪以及所有各种焖肉。过去，人们把刺柏木头用作柴火，以烧烤、熏制火腿。今天，让我们用一分钟凝视这些曾经的宝藏，不然，我们可能永远都不会知道它。

戴上手套再上路

嗯，假如不是这样，采摘桧果浆果对手指来说就

大饱口福

酸菜里当然有桧果，但不妨再添上一两颗为鹅肝调味。为了帮助消化，配上一小杯桧果利口酒（您可以参考本书第81页香桃木的食谱），或者桧果饮品贸易中那种用大麦和桧果制成的啤酒。

有点折磨，除非你有老农夫的厚皮。最能避免刺人的窍门是，等到瓜熟蒂落时再去摘。在9—11月之间，果实呈黑色，果皮有轻微褶皱，只需轻轻敲击树枝，使其落入那张事先在小灌木下撑起的大布之中即可。

要留意，有些刺柏不会长得很高，尤其是在不利的生长条件下，它们顺应自然而生。人们将收获的果实放入一个大水池里，以利于浆果、残渣以及落叶的分离。

你并不存在错认的风险，桧果是唯一来自荆棘小灌木的黑色浆果。烹饪方法虽然始终相同，但它呈现被加工的样式却可以有所不同。你也可以将浆果简单地晾晒后（接触空气，但不要暴露在阳光下），配以块菰用来做肉。将其扔进慢煮的菜肴中也行，或者放在一个胡椒研磨器中，将其碾成粉末。

矮树丛中的蜂蜜

　　桧果浆果的肉类食谱可谓应有尽有。于是，如何制作桧果果浆的说明往往更令人感兴趣。将350克浆果放入1.5升水中。在文火上煮约3刻钟。用打浆器将其打碎成果泥，或者用木杵捣碎，就像制作软膏一样。这种果浆（1/2升）可以与糖（250克）混合。用非常微小的火煮半小时，得到的就是原味"蜂蜜"。小心不要焦糖化。

作为比利时、荷兰，以及法国北部狭长地带的特产，桧果是一种以烧酒、粮食酒（黑麦、大麦麦芽、燕麦等）为基底的烈性酒精，味道中带着桧果浆果的芳香。这种浆果在盎格鲁－撒克逊人的杜松子酒中也能找到

石榴树

石榴苹果，也叫migranié、vingranié、balaustier，拉丁文名为 *Punica granatum* L.，
石榴科（Punicacées）

广种多收

　　石榴树是最古老的果树之一。在圣经和埃及的象形文字中，都可以寻觅到它的踪迹，早在新石器时代之前，石榴树就已经成为它所在的原生与沉积地区——高加索、伊朗、阿富汗、巴基斯坦，以及里海周边等地——的一种采摘果实。石榴树被阿拉伯人引进到了西班牙，在那里的人们往往采取栽培种植的方式，尤其是在以它作为特产的地区，如埃尔维拉市（d'Elvira）。在法国的南部有着合适的气候条件，所以，石榴树的种植自然地被限定在那里，因为一旦植入田野它就要抵抗 –15℃的低温，而石榴树恰恰需要温暖的晚秋气候才能生长成熟得更好。无论如何，人们永远都无法想象，石榴树在意大利有多么重要。它遍布意大利的西南地区，一直延伸到法国的普罗旺斯，那里有大型的果园，石榴树的种植范围甚广，即使那里辉煌的农业已成往事。

心花怒放的石榴

　　石榴树的品种数量之多，令人难以置信，在土库曼斯坦就种植有多达 1200 余种的石榴树。石榴树可以被分成两大群组：一个群组的果实用作烹饪的醋汁，而另一个群组的果实则用来制作甜汁，或与其他新鲜水果一起食用。在法国种植的是后者。想要知道你偶然发现的是哪一种石榴，品尝其果实的味道足矣。从 9 月开始，到 10 月中旬，当石榴裂开时，给人带来的便是美妙的味道。通常它是在不经意间绽开的，

植物学小贴士　4—5米高的树木，石榴就生长在它那坚固的树枝上，软木表皮带着尘土灰质。树枝长着许多刺儿，春天变成红色，长满小巧的叶子，落叶型植物，叶片完整，呈椭圆状，叶尖如矛，5—8厘米长，1—1.5厘米宽，在秋天落叶之前，浅绿色的叶子还染上了明亮的黄色。从5月至8月，橙色的花瓣皱皱巴巴。石榴树的果实是肥厚型大球状的浆果、果皮红黄色相间，里面包着大量"假"籽儿，满是酸酸甜甜的果浆。

香味石榴

在印度美食中，干石榴籽儿被用作香料，为菜肴提香，还稍微带点儿酸味。如果你有酸石榴籽儿，在阳光下干燥几天，或利用厨房干燥器，研磨后，可将粉末作为米饭和异国菜肴的作料。

全然仿佛被手榴弹炸开的样子。这恐怕不是顽皮吧？当你用指尖驱赶那几只正在你面前大快朵颐的蚂蚁让它们走开时，是糖汁使你的味蕾向上翻腾。石榴籽儿把果实的外形撑得高低不平，有些无籽儿的地方，像被牙咬过一样，旁边却是一道坑洼，让人看上去很不舒服。从一些书籍资料的描述中可知，普林尼早已注意到了石榴的这一特征。

石榴树的名字取自拉丁文中有颗粒、种粒的苹果（malum），它描述了一个包满种子的苹果。同时，人们以包满种子的苹果（Malum granatum）称呼它，追溯至迦太基（Carthage），它又被叫作迦太基人的苹果（pomme punique）。在那里，石榴树得以大面积栽培。另一条线索暗示令人联想到明亮的红色（punicus），意思是"紫红"（rouge pourpre）。它实际的名字是 Punica granatum（迦太基人的谷粒），这个名字在某种程度上是一个合成词

真正的鸡尾酒糖浆

享受石榴的最佳方式是耐心地清除所有的籽儿，撒上一点粗红糖，然后浇上一小勺橘子花水。用勺子吃，才是真正的糖浆。在现代食品工业介入之前，真正的鸡尾酒糖浆由石榴制成（此后，是一种红果的混合物）。

美食家的新发现：4只漂亮的石榴，400克糖和1根肉桂。剥取所有石榴颗粒。在泥浆器中搅碎，之后在瓷碗中碾压过滤，尽可能得到更多的果汁，约40毫升。加入糖和肉桂，在文火上渐进加热至100℃（行家微调）。等到煮沸，便可过滤，装瓶。

野生醋栗树

阿尔卑斯山醋栗树、岩骨醋栗树，拉丁文名为*Ribes alpinum* L.，或者是*R. petraeum* Wulfen，茶藨子（Grossulariacées）

登山者于此

在我们花园中栽植的醋栗树，其直系亲属是适应了最恶劣条件而生存下来的两个野生品种，即阿尔卑斯醋栗树（groseillier des Alpes）与岩骨醋栗树（groseillier des rochers）。两者都生长在高山森林边缘或岩石崩塌的土坡上，岩骨醋栗树更喜长于清澈的小溪边。如果不出意外，你会在孚日山脉、侏罗山脉、阿尔卑斯山脉和比利牛斯山脉，以及福雷（le Forez）、维瓦赖山（le Vivarais）、科尔比耶尔（les Corbières）、奥布拉克山（Aubrac）与奥弗涅山脉（Auvergne）

谱系

要在醋栗树的谱系中找到醋栗（ribes），并非轻而易举之事。人们自然会认为，维系野生醋栗的生长，直接取决于寒冷的气候环境。长期以来，人们一直认为醋栗树由诺曼人（Normand）于中世纪引进。然而，这种论点并不成立。首先，因为醋栗树在几个地区常见，特别是在布列塔尼，它几乎无人不知，而且，醋栗的名字来自南方，由阿拉伯人带来。一旦人们说起古代忽略了醋栗树，便在这不解的问题上戛然而止。

植物学小贴士 小灌木，2—3米高，野生品种中的一支*R.petraeum*，一般有1—2米。落叶型植物，叶片呈三角、五角，向内凹陷，锯齿状边缘，有轻薄的毛，但近乎无毛感，短叶柄。花团锦簇，黄绿相间，吊钟形花萼。醋栗的果实呈红色，直径5毫米，聚集成串。

等地区遇到它们。

对野生植物，我们应该持守一如既往的坦率和真诚。野生醋栗树的一个枝头上，挂着3—5颗果实，当人们看到一簇簇娇艳欲滴、成串悬垂的醋栗时，无不感叹这硕果满园，尽管它还说不上"琳琅满目"（grappounettes，专有术语，表示大开眼界，仿佛植物学是一个活的科学），让人按捺不住，但如若在山间的碎石地上看到它，也算令人惬意吧！就怕这无福消受的人，硬说野生醋栗甚至不比栽培的好多少！如今，阿尔卑斯山醋栗和岩骨醋栗这两个品种在苗圃里都有出售，它们可用以制作小型观赏树篱。这至少可以让人们免于付出攀爬的体力。

另一种自制的果酱，在嘴唇上舔一舔、抿一抿，如果你当真酷爱酸味，就再加入一些柠檬汁

采摘期

如果勇气还未消失，至少你还能利用8月的远足运动去采摘。野生醋栗与培植出的作物一样，富含维生素A、维生素B和维生素C，以及纤维素。此外，这些果实在果胶含量上也会更胜一筹。一旦歉收，不妨考虑将它与其他红果搭配制作成果冻与果酱。寻觅中，如果可能的话，去找找岩骨醋栗：闻名遐迩的它们，相传比阿尔卑斯山醋栗更美味。

酸酸甜甜的醋栗

野生醋栗进入了食谱，而培植的醋栗往往用于做果冻、果酱，单独食用，或者搭配其他红果，用作甜辣酱或酸甜沙司。

把50克糖粉焦糖化（烤干）。加热20毫升香醋和10毫升酱油。预热熔化锅底的焦糖浆，并加入125克野生醋栗。然后，使其浸泡、融合，再放入瓷碗。加入4毫升橄榄油，常温保存（不冷不热）。搭配鱼排、家禽肉或白肉片食用。

山毛榉

山毛榉（俗称Fayard），也叫faou、foutaud，拉丁文名为*Fagus sylvatica* L.，壳斗科

非山毛榉莫属吗

山毛榉（hêtre）是我们熟悉的一种森林树木。它是欧洲温带湿润气候地区落叶林的主要构成树种之一，有时光它一种树就遍布成林。除了被用于建筑的木材与取暖的柴火等传统用途，山毛榉与栎树/橡木（chêne）一样，在农村，特别是在饥荒时期，也是充饥性食物的一种来源。一旦被大量食用，山毛榉果实所带有的刺激性将会使人胃痛。由于其高浓度的氧化酸（acide oxalique）与三甲胺（triméthylamine），还可能引起中毒。然而，不必惊慌，零星地啃几颗山毛榉果并无大碍，更何况它经过烘烤之后，其中有害物质的含量会降低。就食用计划而言，像栎树/橡木、栗树，只要你想拥有，一切应有尽有。把它浸渍，干燥后研磨成粉状，制成面粉，这样，可以煮成糊糊。山毛榉果实还可用于制作一种黄色的油（它具有驱虫的药用特性）。果实再经压榨，可得到一种用于照明的灯油。此外，这种油还能当作桌板表面的油漆，桌板涂上这种油后不易褪旧，甚至涂漆几年后仍然有光泽。这种油的产量相当不错，比如每5公斤果实出产1升油，这相当于橄榄油当前的出产率。

受监管的拾取

山毛榉果实的收获就像橡子、榛子一样，这些野生干果以散布的方式有规律地存在（参见本书第48页橡树/栎树的图片）。它们也被用作农场动物的饲料。捡拾山毛榉果实是有条件规定的，在1669年颁布的科尔伯特法令（Colbert），明文禁止用长竿子从树上打落果实。

植物学小贴士　大型树木，30—40米高，非常质朴而粗糙，而且长寿，能存活三百年之久。树冠外形椭圆，由于生长缓慢，木质紧密。树皮单薄、光滑，呈浅灰色。落叶型植物，叶片长9厘米，椭圆形的叶片带柄，覆盖着一层短茸毛，波浪状边缘。4—5月开花，雄花成组排布在黄色底托上，茎长3—5厘米，雌花的组是分开的，绿色、短茎。山毛榉的果实：成组的瘦果，包裹在一只毛茸茸的壳斗里。

山毛榉果子酒

　　大量落到地上的山毛榉果实，一年到头都在树下的小矮树丛中，它们正是在那时、那地完全成熟的。在10—11月间，一定要进行采拾。人们很容易在树枝上发现它那小巧、竖起的壳斗，其中隐藏着两颗（最多四颗）木质的坚果，体形修长，带着靓丽的棕色，截面呈三角形，顶端还有一小绺毛：像小鹿一般。收

山毛榉果实稳稳地腾空在竖起的壳斗中，唾手可得

获可以在慢条斯理中开始着手。南方有其当地的松子，在更北边，发挥同样作用的则是山毛榉的果实。它经简单烤干，就可以充作其他食物的伴侣，在拼盘与沙拉中撒上一些；或者将它研磨成粉，再与意大利绿沙司拌在一起；或许你更喜欢用它配上黄油（烘烤过后再粉碎，加入油中搅拌，以获得一种浓稠的软膏，用作调味品）。盐津的果干是开胃酒最合适不过的小菜，长成后的山毛榉果核便不那么坚硬了，对于其他食谱，脱壳之前，要将它放在水中煮过（请多些耐心哦！）。在所有的准备过程中，你可能会体会到一丝令人愉快的小滋味，它会令你联想到榛子与板栗。

Acceptez les cookies !

配量表：
250克面粉
200克黄油
200克糖
200克燕麦片
100克黑巧克力糕点
盐
2颗鸡蛋
1茶匙发酵粉
1袋香草糖
1/2汤勺小苏打
2茶匙可可粉

　　将山毛榉的果实烤干，再磨碎。保留少量备用。将面粉、燕麦片、可可粉、小苏打、糖和香草糖混合在一起。撒上盐腌制。掺入黄油和鸡蛋以获得光滑的面糊；加入巧克力与山毛榉果碎，暂放一边。将面团搓成球状，并将它们平整铺开，做成曲奇饼干形状。放在烤箱中以180℃烘烤15分钟。

枣 树

中国椰枣（Datte de Chine），也叫circoulié、chichourlié、guindalier，拉丁文名为
Ziziphus sativa，鼠李科（Rhamnacées）

人见人爱的枣儿

　　枣树（jujubier）原产于中国北方，约于公元前3000—前2500年前后传到西亚，接着蔓延至西方。罗马人将枣树传播到了他们在地中海周围的殖民属地。在奥古斯都皇帝统治期间，它来到了法国，从地理学的角度看，在那里的枣树种植效仿了橄榄树。在古物关系中，我们不能将它与希腊神话中的落拓枣（lotus），即荷马史诗中的枣（Lotophages）混为一谈，那是由低矮灌木丛形成的一道坚不可摧的屏障。为了得到其果实，枣／枣果（jujube）已经得到培植，并且被驯化后散布到了整个地中海周围的自然区域。作为法国的种植区，奇丘利（La Chichourlie）通常会被人们与普罗旺斯相提并论，也有人说它就是朗格多克，无论如何，奇丘利的孩子们就像传说中"可人的甜枣"（*fans de Chichourle*）那样，俊俏又善良。纵观历史，有四十余种枣果已经应用于医学领域，它们不但有抑制萎靡不振的作用，也有着安神、镇静的功效，同时也是一种温性的止泻药。

花园踱步

　　据中国的资料记载，枣有400多个品种，其中常见的有约80种。在法国，只有少数品种生长在法国南部，在那里，枣有许多方言土语的叫法：*jousibo*、*gigoula*、*tchitchoulo*、*chichourla*、*chinchourlo*、*dzindzourlo*、*guindoula*、*dindoulo*、*guindola*……你可以找到果实饱满的上好品种，绿色的外皮或多或少会带有棕色斑迹。

植物学小贴士 4—7米高的树木，质朴粗糙，可以抵御−15℃的低温。落叶植物，椭圆形细长叶片，中央有三条叶脉，托叶多刺。枝杈曲折、刺手。春天盛开黄色的小花，果实：15—30毫米的卵形核果，暗棕色，表皮带有光泽。

摘椰枣

同时，这些种类的椰枣（datte）都带着一丝微甜，富含营养。如今，9—10月之间都是收获枣果的时节，几乎处处可见清一色的普罗旺斯枣树的果实，它颗粒小、皮厚，果肉有点面糊。趁着它轻微有些皱巴的时候采摘，不要等太久，否则，它的浆汁就会乏味。运气好的时候，你会发现大片变种的中国枣树，其果肉多汁而酸爽，但它们主要种植在花园里。

作为水果中的佼佼者，枣在中国的美食里很常见。无论是新鲜的、干燥的，还是做成蜜饯的，在人们喝的汤（les potages）与羹（les soupes）中都能找到枣的影子。另外还有黏米枣糕……在南方，人们还常对枣津津乐道。枣果有着众多的流传食谱，丝毫想不到这一半野生的小果子会带来如此惊人的回报，在盎格鲁－撒克逊人的世界里，特别是在加拿大，枣果被用来制作水果糖、胶皮糖、彩色糖、葡萄糖，正如在圣－劳伦斯海岸（Saint-Laurent）所传说的一样。

97. – TOZEUR (Djerid, Tunisie). Tronc du Jujubier géant.

一棵枣树的长成，远不及一棵小灌木的速度之快，它要长成一棵大树，要耐心等上十来年

枣果果浆

如果树上的枣果还未被蚕食殆尽，你可以用它们做一种果酱，在法国海外省留尼汪，更多优选的是肥大的果实。先清洗1公斤枣果，取出内核。再加入2颗柠檬的汁液和800克红糖，浸泡约6个小时，以便让水果恢复饱满的果汁。用中火煮30—40分钟，撇去白沫。用药滴剂测试法对烹饪品加以测试。在装罐前，你可以在每个罐子中加一段香草。

枣果派

这里有一份美味而可口的秋季食谱。在平底锅中，放入250克枣果，或者更好的是：将枣果（jujube）与鲜椰枣（datte）相混合，加上250克糖粉和50毫升水，再加入1—2颗柠檬的汁液、2颗丁香，以及3粒小豆蔻，让它在火中持续沸腾，将果实煮熟，再使用蔬菜研磨器研磨。最后制成派（夹饼）状，并涂上糖粉。

荨麻树

普罗旺斯荨麻树（Micocoulier de Provence）、花楸树（alisier），也写作 falabrègue 与 micacoulier，拉丁文名为 *Celtis australis*，榆科

椅子市场一去不复返

从普罗旺斯来的？无论是在南欧，还是在普罗旺斯与朗格多克，这些地方都以加工这种广泛分布于北非与南欧的木材而享有盛誉。这种植物名称的起源依旧相当不确定，可能来自现代希腊语 mikrokouli 一词，它结出的是小巧的浆果。此外，在方言中，荨麻树（Micocoulier）有时也被叫作山楂树（aubépine），或者花楸树（alisier，区别于 cormier 与 sorbier，通常都被叫作花楸）。荨麻树木质精良，堪比山毛榉的柔软。也正是因为它的柔韧性，其木材常被用于制造杈子，其凹槽以长齿的分叉，使干草游刃有余地进入到三道分叉之中。如今，这种工具随着现代化的发展，与农业一道衰落，只剩下样品供游客观赏。几个世纪以来，尤其是在东比利牛斯山脉，这种木材被用来雕刻，制作便携式座椅以及鞭子上的手柄、转轴处的装配件。虽然它用途多多，但在荨麻树中算为上乘的木材是"佩尔皮尼昂木"。单就一支鞭子的造型，"佩尔皮尼昂"（Perpignan）这个名字便享誉欧洲。只有东比利牛斯山脉的索雷德区

朗格多克

是更朗格多克，还是更普罗旺斯？无论如何，乡土气的叫法（或地方性的口语或方言叫法。——译注）也在流行，包括：花楸树（alisièr）、balicoquier、bataculièr、bélicoquié、belicoquièr、fabreguièr、fabreguèr、falabrequièz、fanabréguié、fanabreguier、falabréguié、falabrega、fanabregon、fanabreguon、fanabrégol、fanabrigou、fanabrégou、fabregoulier、、fabregolier、fatolièr、fabrigoron、fanfarigolier、fresicolièr、micocolièr、micacolièr、mélicoquié、paparotièr、petièr、picopoulié、picapolièr 等叫法……

植物学小贴士 可达20米高的树木，树干灰色。落叶型植物，叶片完整，稍长的椭圆形齿状叶边。5月开出无花瓣的单只小花。荨麻树结出橄榄大小的果实，有紫色至黑色的外皮，里面藏着一层带有甜味的果肉，还有一颗核儿，直到树叶落下，它们还一直挂在树上。

还保留着制作马鞭、鞭子，以及骑术配饰的作坊。现今人们是否还像过去一样，在月圆之夜翻到山的那一边去采集木材，以规避木中的蠕虫之扰？

荨麻果

如今的人们发现，即便是在大片的林荫道上，荨麻树也越来越难找到。继榆树（orme）以及栗树种植之后，城市的公共卫生愈加衰退，它们越发取代了从前成片的树木，列队整齐地竖立于道路的两侧。从前，荨麻树在初夏早早地就结出果实。当果实刚见鲜绿且坚硬的时候，为讨得孩子们喜欢，大人们常用它作吹管的弹丸。然而，要等到秋天，在果实生成近乎黑色时才能采摘。成熟的荨麻树果实浆汁味甜，清淡而细腻。孩子们免不了得去与鸟竞争，而鸟才是单好甜口的觅食者。过去，人们曾经从荨麻树果的浆汁中提取食用油。

CHOCOLAT GUÉRIN-BOUTRON

Micocoulier

荨麻树，其优质木材也被使用，它的名字来自中世纪的希腊。包括 *mikrokukki*、*mikrokoukouli*、*melikoukkia*，它的名字经历了几次语音转换，而成为中世纪法国北部使用的罗马语言中的 *picopoulo*，也写作 *bélicouquié* 与 *belicoco*

桑 树

白桑树、黑桑树，拉丁文名为*Morus alba*与*M. nigra*，桑科

出品蚕丝的桑树与给人吃的桑果

桑树自古闻名，其小巧、美味的果实常被人一抢而光。桑树在栽植的历史上曾受到驯化和改良，但它的果实仍然美味。人们历来重视桑树的专门开发，它的枝干曾被用作建筑木材，以及制作高级木器。有一类桑树则出产不同口味的可食用果实，包括原产于中国的白桑树（mûrier blanc）的白桑葚、原产于高加索地区黑桑树(mûrier noir)的黑桑葚。还有红色的桑葚，这些桑树在法国很少种植，却扎根在美国。最近，桑 – 洋梧桐树（mûrier-platane）被大面积地栽植于公共花园与私人花园，它们不仅作为观赏树与遮阴树，也相应地为人类生活提供了中等品质的果实。

白桑树的大量种植，与丝绸工业的发展有着直接的关系。它大片的叶子清绿而油亮，为蚕宝宝的生长提供了最主要的营养精华。作为存活下来的树种的个体，这些白桑树在夏天常常为鸟类与步行者带来芬芳的果实。然而，论及果实的味道、浓郁的香气，最佳的还要数黑桑葚。不同

植物学小贴士 5—6米高的树木，多节矮壮的树干，带有裂缝的树皮，承载大片的树叶，叶片易落、光鲜、凹陷，锯齿状叶边。3—4月，有个别的花朵开放，接着，7—8月再开上一拨儿，桑树的果实细长，几乎是从白色到黑色，轻微起毛。

Grainage Quirici - Remplissage des Cadres Grillagés des cocons destinés au papillonnage

曾经的乡村蚕茧生产运动，使得许多桑树成为今天农村的遗产

于其他桑树的果实，黑桑葚要在完全成熟之前食用。

朴素的野餐

桑葚/桑果（mûre）成熟的时候，便会落在地上！如果有那么一种小巧的果实，不只是在市场的摊位上才会看到，那么想必它就是桑树果（mûre de mûrier）了。桑葚依赖野生采摘，真可谓为机会主义者的采摘，为利己主义者的品尝。倘若待到果实成熟十足的时候采摘，桑葚的色泽颇像葡萄的颜色，花梗会自行脱落。我们便可以将桑葚放在牙齿之间，拉下绿色的"果把儿"（pécou），让其自由地落入口中。此刻，不禁令人感慨，历代古老的果园，不知有多少植物的枝干与芳华消失殆尽，它们的生命犹如桑树一样短暂，即使让我们去守望它们也无济于事。而植物中长寿的胜者虽依稀尚存，但它却在自身的死亡中被人们遗忘，余下的却是空心的树干、摇摇欲坠的枝丫。很难相信，在18世纪的战争（la Grande Guerre）期间，大大受益于这种桑树的一些行政区域，如勒·卢贝隆（le Luberon）的茹尔当堡（La Bastide-des-Jourdans）等地，如今桑树早已无迹可寻了。

桑葚-覆盆子果碎

果子除了待在大树上，人们无论在任何特定的时候，采集、收获它们都是有缺憾的。虽然足以令人先尝上一小口，但要进行加工，最好多收集几天，先将采来的桑葚放入冰柜里，以便积攒到值得做加工的数量。（小心它弄脏了手和衣服！）

像所有的红果一样，解冻后它们会变软，对于制作果酱、果冻（参见第103页黑莓的描绘），抑或奶油和利口酒，这不是一个问题。

这种果实的味道有点寡淡，所以最好与其他水果配对，比如覆盆子，以制成一份美味的水果甜食果碎。

配量表：

500克桑树果	500克覆盆子
250克面粉	250克糖
2颗鸡蛋	125克黄油
1茶匙酵母	

在混合面粉、糖和酵母后，将鸡蛋打入其中，快速地搅拌，直到呈稀糊状。将桑葚和覆盆子放在盘子底部，撒上一层薄薄的砂糖。碾揉面团，覆盖水果，并浇上事先熔化的黄油。在220℃下烘烤40—45分钟。与蛋黄酱（crème anglaise）一起食用，或与尚蒂伊鲜奶油（Chantilly）食用也可，全依你的口味。

香桃木

普通香桃木（Myrte commun），拉丁文名为
Myrthus communis，桃金娘科（Myrtacées）

科西嘉的浆果

根据希腊的传统，摘下的香桃木树枝会带来力量，然而，请忽略它，从它身边经过时，最好一眼都别看，因为它是无助与死亡的标记。在小矮树丛中散步相当不方便

香桃木（myrte）是地中海沿岸小矮树丛带的一种典型物种。它本该追随香叶月桂（laurier-sauce）一样的路线，定居在那里。而它却从小亚细亚，随移民潮一并被带到意大利与希腊，随阿波罗崇拜一道扩大。自古以来，这种植物就与死亡、复活以及繁殖力有关。希伯来人将这"受孕之树"（l'arbre était fécondant）带给年轻的新娘，使她不至于太早怀上第一个孩子。香桃木的美名要归功于古代，其中还联系着一些基督教节日：在普罗旺斯，它就摆在圣诞节的餐桌上，作为希望与复苏的标志。此外，在圣东日（Saintonge），香桃木的最后一根枝丫（棕榈日的祝福）将被放入归西死者的棺木，以便将其在祭坛上献给上帝。昂热维纳（angevine）的信条指出，只有"耶稣受难日"（le vendredi saint）播种下的香桃木才能生根发芽。

植物学小贴士　活力四射的灌木，2—5米高，枝杈繁多。叶片常绿，带有漆泽，还有点坚韧、细长，末端尖锐，连在一支短叶柄上，叶子有大有小，取决于树种。5—7月间，在叶子后面，开出单只的白色小花。在香桃木的果实成熟的时候，会变成一颗紫黑色浆果。

利口酒，应有尽有

在商店中，你会发现两种不同的利口酒。第一种或红色，或棕色，在家里可以常备这种利口酒，有时可以浸入几片叶子。第二种也叫白香桃木，由浸泡欠佳的浆果制成，或者是嫩芽叶片。

在小矮树丛中兜兜转转

要一直等到夏末，那些小巧的黑色浆果才会在叶片中间乍现，它们分布在当年生出的新枝上端。人们要耐心地等到10—11月间才能采摘。仿佛一个小失望正在考验着厨师新手，那便是：它们并非现成可食用，那样不会有任何特别的味道。

厨房才是它们的天下，尤其是在小灌木比比皆是的科西嘉岛与普罗旺斯，这种小浆果还赢得了乡间贵族的名号。当小鸟饱尝它之后，便到了浆果变干的时候，刚好可以将它用在馅饼的肉馅里，还有猪肉熟食与碎肉的制品中，比如野猪肉、碎肉冻（fromages de têtes），以及野禽肉拼盘。香桃木的浆果与叶子能为酱汁、卤汁以及野味菜肴提味。除了这些传统用途，香桃木浆果还现身于糕点中，为今天带来新的灵感。它们为茶点、果饼、水果泥带来香气，还可以掺在干果中，就像李子干。

香桃木醇秘方

通向科西嘉岛的一处入口地区制作出了以香桃木浆果为基底的酒精，这种酒传到了普罗旺斯。有传言说，香桃木利口酒起源于撒丁岛（Sardaigne），然而，我不想惹上麻烦，我没有告诉你任何事情。

香桃木酒精：在11月，采集相当于一杯底的浆果，洗净，然后放入1升水果醇中。细致入微，甚至用尖刀切开每一颗浆果。浸泡4—5周。轻轻挤压果实，以便渗出更多果汁，然后，完成这有点麻烦的过滤准备，就大功告成了。

甲壳虫利口酒：准备一份糖浆，将300克砂糖溶解在30毫升水中，与前面准备好的酒精混合，便得到了一种助消化而又令人享受的新鲜十足的利口酒。

香桃木酒：最后，把1杯香桃木利口酒倒入一瓶75毫升的上等乡村葡萄酒中，便可享用一杯新鲜的香桃木酒。

蓝莓树

越橘树（Airelle）、蓝莓树（myrtiller），土名也叫布林贝尔（brimbelle），拉丁文名为 *Vaccinium myrtillus* L.与 M. *corymbosum* L.，杜鹃花科

山上的小蓝

野生蓝莓树原产于欧洲。这种小型的小灌木非常耐寒，能承受−25℃的低温。泰奥夫拉斯特（Théophraste）取名得自伊达峰藤蔓（*vigne du mont Ida*），它的山间本性也就凸显在它的名字中。人们发现这一名字也被用来指代覆盆子（红莓/红荆棘树莓）与小红莓（airelle rouge，红越橘）。在法国，野生越莓树遍布孚日山、阿尔卑斯山、奥弗涅山脉，甚至侏罗山脉，它在海拔600米以上地区生长良好。此外，就像所有的杜鹃花科一样，它喜好酸性土壤，尤其喜爱生长于石楠丛生的地方。因此，在布列塔尼也能找到它。尽管在花园里培育了优质的园艺品种蓝莓，但野生蓝莓仍然保持着它采摘水果的地位。比如在阿尔代什（Ardèche）省就是这样的情况，蓝莓是那里的一种特产。

花园蓝莓

花园蓝莓树隶属于另一个物种：伞房枝状蓝莓（*Myrtillium corymbosum*）。这些优良品种几乎成了美国的代表，第一种花园蓝莓经华盛顿大学的科尔（Cole）博士研制，在20世纪初问世。然而，必须承认，野生蓝莓在口感与香气方面要远远优于它们。

弄巧成拙

蓝莓富含维生素 C 和维生素 A、矿物质、单宁酸（tanins）、花青素（anthocyanosides），以及黄酮类化

植物学小贴士　1.5—2米高的小灌木，矗立长势。野生物种的叶片常绿，而花园蓝莓树的叶片易落，呈细长的椭圆形状，2—4厘米长。4—7月间，开出桃红色的花朵，铃铛花冠，带有蜡质，要么单只，要么两只成对，之后，结出直径1厘米大小的黑色球形浆果，上面覆盖着白霜。

跟所有野生植物一样，蓝莓树和蓝莓果有许多方言叫法，包括蓝莓越橘（airelle myrtille）、黑嘴儿（gueule noire）、诺曼黑果（mauret）、诺曼越橘（mouret）、土越橘（brimbelle）、木本葡萄（raisin des bois）、矢车菊（bleuet/bluet）。这些植物往往也被称为蓝莓树（myrtillier/arbrêtier）

合物（flavonoïdes）。再没有比蓝莓所臆造的那种天然营养的名声更管用的了。通过兜售消费观念，改善人们对蓝莓的看法，他们甚至还爆出了英国皇家空军（la Royal Air Force）飞行员的料，第二次世界大战期间，在夜间执行任务之前他们也在食用蓝莓。最新的事实表明，蓝莓主要影响血液循环，尤其是眼血管的血液循环，而且蓝莓能改善记忆（出于同样的原因？）。

　　无论采用哪种方式，不必大费周折地采摘，更无须带着它们在厨房里施展本领。如果你的眼睛比你的胃口还大，请小心：在某些地区，蓝莓采摘是受到严格管制的，尤其是对一窝蜂涌来的大批采摘者。规则的制定在不同的地方也是因地制宜的。比如在上卢瓦尔（Haute-Loire）地区，你可能会因侵权而面临数百欧元的巨额罚款。因为你明明去采摘蓝莓，却带回了一颗李子（偷鸡不成，反蚀把米）。

蓝莓蛋糕

　　打散5颗鸡蛋，并搅入120克糖，以获得一份清淡并发起奶油状的混合物。加入100克面粉和1袋酵母。倒入黄油模具中，在烤箱中烘烤15—20分钟（恒温器6至7挡）。晾凉，再脱离模具。此外，将8片糖果明胶浸泡在水中，将500克野生蓝莓与180克糖煮上几分钟。混合，并加入沥干的糖果明胶片。掺入5升打发的全脂液体奶油。装饰蛋糕，再在冰箱的冷藏室里放1小时，然后便可以享用这一蓝莓点缀的蛋糕了，你可以留下一些。

德国枇杷树

狗屁股（Cul-de-chien），也叫meslier与nesplier、普通枇杷树（néflier commun），拉丁文名为*Mespilus germanica* L.，蔷薇科

不被果园待见的枇杷

作为原产于亚洲与欧洲偏远地区的果树——枇杷树在中欧以及巴尔干半岛的果园中得到了广泛培育，但在法国，它从未真正获得过果树中佼佼者的地位，枇杷树总是令人联想到某种粗俗、土气，甚至野性。在老派作者的描述中总带着一贯的尖酸刻薄，说它"躯干佝偻，枝干荫蔽、错落，在遭遇一场狂风骤雨的袭击后，东倒西歪"，它的浆汁也好不到哪儿去，"外表看着脏兮兮的，口感面糊，刚好符合猪的口味"。唯有农民才能看到它的好，陪着它等到那姗姗来迟的成熟。这种越冬的果实长时间地悬挂在树上，即使到了遭受霜冻的时候，它也很难成熟。我们对它实在喜欢不起来啊！在尤利斯·凯撒（Jules César）的带领下，罗马人离开高卢（Gaule）与阿勒马格内（德国，Allemagne）寒冷的森林时，把枇杷树带回了意大利。普林尼区分了这三个不同品种的枇杷树——安提顿（anthédon）、塞塔尼亚（sétania）、高卢；前两种结出的枇杷（欧楂）饱满而上乘，而高卢枇杷更常见，也就是泰奥弗拉斯托斯（Théophraste）所称的高卢（Gallique）。唉！完了（能这么叫"枇杷"吗？），这么多个世纪过去了，我们对枇杷树的改良却不多。

植物学家的确证

在栽培地附近，你可能撞见诸多优良品种之一（来自荷兰、诺丁汉、埃夫勒诺夫变种等），在自然环境中生长的现有两种类型之一是*Mespilus germanica abortiva*，其浆果小而无核，或是颗粒大些的 *M.g. macrocarpa*。

植物学小贴士　小型树木，5—6米高，蜿蜒的树干覆盖着鳞状树皮。叶片单支、细长、椭圆形状，不规则齿状边角，叶表无毛，背面带茸毛。开出单只白色花朵，5片花瓣，直径3厘米。德国枇杷树的果实：直径2—3厘米扭歪的核果。果肉厚实的可食用部分来自花床的发育。

Néflier

在勒莫尔万（le Morvan），人们称德国枇杷树为"猴子屁股"（cul-de-singe）。当认识到这个地区的动物群时，人们会感到有点惊讶

枇杷，你休想

　　在南方的气候环境中寻找枇杷树，你会发现，在那里更有利于日本枇杷树（le néflier du Japon）的生长。然而，在法国东部严寒的气候里，德国枇杷树却如鱼得水。那里的海拔高度为400米，最低温度低至-20℃。它开花较晚，要到5月底，刚好适应这些条件——它的果实并不会经历晚春的霜冻。此外，德国枇杷果的生长发育不需要太高的温度。事情接踵而来，我们赶在11月到达那里，趁着枇杷成熟的季节，到乡间兜兜转转、寻寻觅觅。这时熟透的果实不但富含糖分，而且还退去了白色与硬生，变成奶油状的落日黄，可谓芳香、醇厚、微甜。在食用德国枇杷时，人们会丢弃硬的部分（硬节骨），柴生的空槽，还有硬核。在树上熟透的枇杷并不多见，所以必须摘下来，并把它们放在地窖的架子上2—6周，将其困熟。最终将它们制成果酱、果冻，抑或使之成为家中自制的烈酒的食材。

欧楂果酱

　　一公斤欧楂与同样重量的糖，加入一杯水煮制。当果实煮熟后，用泥浆器搅碎，再煮2—5分钟即可食用，或者为下一道食谱备用。

欧楂蛋挞

　　在蛋挞模具上涂抹黄油，铺上一张蛋挞面皮。用欧楂果酱装饰，再用剩下的面皮做成横杠点缀。用蛋黄上色，在烤箱以6—7挡恒温烘烤1—2小时。

日本枇杷树

琵琶树（Bibacier），也写作loquat，拉丁文名为*Eriobotrya japonica* L.，蔷薇科

别样的一种枇杷

　　可以说，欧楂 / 枇杷树（néflier）具有对新环境的适应感。对于南方人而言，"琵琶"树（bibacier）是一种当地产物，然而，它却一时冒险来到了北方，还不顾一切地结出了如此鲜美的果实。名字中并没有附带日本之意，其实是中国人把一种叫作德国山楂的水果换上了名字中的一部分，将它带到意大利和北非种植，这着实使之在世界里蒙混过关，因为普罗旺斯人搞错了它的名字：这种果树近些年才来到法国，人们对其头衔有一种异国风情的好奇。在 18 世纪，法布里·德·佩雷斯克（Fabri de Peiresc）引进了第一棵枇杷树，把它种植在勒瓦尔（le Var）的贝尔让捷（Belgentier）的土地上。此时的这位科学人士曾经对来自亚洲的其他植物的物种进行过许多测试，并与他们开展了贸易。对日本枇杷进行描述的第一个版本，可以追溯到 1656 年，一位波兰耶稣会修道士（jésuite）在其作品《土沉香植物群》（*Flora sinensis*）中谈及一种 pipa xu 植物，称其果实清甜。1784 年，卡尔·彼得·通伯（Carl Peter Thunber）在其作品《日本植物群》（*Flora japonica*）中给它取名为 *Mespilus japonicus*，因为它的花与名为 *Mespilus germanica* 的德国枇杷树相似。同年，由于法国人对植物的好奇，还有对它那粗俗的名字枇杷树（bibacier）的好奇，把这种植物引入了巴黎植物园，这个名字直接源自中国的琵琶（pipa），首先由澳门的葡萄牙人转译为"琵琶"（bibas）。

地上的枇杷

　　普罗旺斯的土壤适宜日本枇杷树的生长，这种植物也就名正言顺地享誉当地。在纬度 45°区域，枇杷果（nespié）或者欧楂（nespoulié）成了当地的一道特色。

奇丑、带斑，却美味

　　即使在南方，枇杷树也从未拥有过真正果树那样的势力范围。它仅限于用来布置私人花园和公园。这就是说，只有在极例外的情况下，你才能在自然界中遇见它。此时的你将不得不卖弄风骚，以讨得树主的枇杷；要不然就得偷。在我们生活的这个时代，一面主张精神慷慨，而另一面却是魔鬼！日本枇杷树好意将花开在了冬天，一直到来年2月，这样至少还可以在给花园带来一些生气的同时——一举两得——也使它开的花就可经历霜冻的洗礼。这就是在气候温暖却有些苍凉的冬天，枇杷树起到了令人满意的点缀作用。诚然，果实在5—6月成熟，而且必须选择成熟的果子采摘，这时经霜的枇杷不会真的坏，反而香甜的汁液充满了果肉，给人以一种无法定义的美味。要知道，从一棵树到另一棵树，枇杷的味道差异非常明显，因为老树都要经历由幼苗长成的阶段。我们在吃枇杷时，需丢弃果核，不要食用，它们含有不能消化的有害物质，然而，谁又想去掰开那些一瓣一瓣的"牙齿"呢？

在南方以外的地方，日本枇杷树的弱点在于它开花早，大冬天里，它的花朵便暴露在霜冻中

枇杷葡萄酒

　　将1—1.5公斤的枇杷切成两半。切成两半后，果核儿自然露出，并散发出强烈的味道。这时加入250克糖粉、1根肉桂棒、1颗丁香、1段张开的香草、10粒黑胡椒、30毫升45°的水果醇，以及2瓶75毫升的玫瑰酒。接着摇动容器，并将它放置40天；头儿天需连续摇动几次，让糖溶化。等泡制好了，将它过滤，装瓶。趁新鲜时喝。在留尼汪岛，人们精心制作出了一种日本枇杷朗姆酒（*rhum*）。他们将浸泡过的日本枇杷核儿，作为多种调配朗姆酒的食谱之一。然而，枇杷的名字也来自于拉丁文 *Eugenia buxifolia* 这个词，指的是某种地方特有的灌木结出的一种小番石榴（*goyave*），其味道有点让人想起枇杷。

野榛树

榛树（Coudrier）、榛子树（avelinier），拉丁文
名为*Corylus avellana* L.，桦木科（Bétulacées）

硬在壳上，
软在心里

LES COURTISAILLES
2. Le Magnat accepte et prend des alagnes (noisettes)

在布雷斯（Bresse），当
双方考虑结婚时，在两个家
庭之间便会展开一段或长或
短的讨论和盘点，就像一层
还未捅破的窗户纸。或亲近，
或订婚以示好告终，女方将
接受未来丈夫一份象征性的
礼物，这便是榛子

很少有哪种植物到了寿命
的尽头，还依旧当年。榛树就
是其中之一。七千多万年来，
野生榛树一直都在我们的森林
和树林中生长，而史前时代的
人类就已经在食用榛的果实了。

我们植物群中的另外两种
榛树，一种是原产于土耳其的
蓬蒂卡欧榛（*C. Pontica*），还
有一种是巴尔干半岛的大榛子
（*C. Maxima*），它们都已经与
野生榛树杂交，产生了不少品
种。此外，榛树是能够自行"嫁
接"的小灌木之一：当两株不
同个体的两支分叉被反复接触摩擦时，其结合便是常
有的事，一株新的个体随之产生。无论如何，所有偶
遇出生的榛树都是可食用的。同样，美食家也可以来
一次前所未有的植物鉴定。

植物学小贴士　灌木，或是小型树木，能长到6米高。落叶型植物，椭圆形的叶片蓬松、宽大，顶端稍尖。雌花聚集在直立的穗上，红色中夹杂着污斑，黄色的雄花聚集在垂下的底托上。雌雄两种性状的花处于同一枝丫上。野榛树结出球形果实，坚韧的瘦果就半包半裹地含在一只花被中。

劲敌：松鼠与田鼠

　　榛子不可能被混淆：每个人都认识榛子，即便没有在小灌木中看到过它们，至少在图鉴的描绘中见过——榛子结在一颗绿色的"卷心菜"中，并在那里变干变成熟。榛子唯一显著的特点是它的外形：大榛子（C. maxima）外面的包膜要更长些，裹得更严实些。3—6粒榛子结伴成团，一簇一簇。成熟之后，外膜的花托变得干燥，留下了被架空的榛子，其木质的外壳逐渐硬化。到了秋天，从9月开始，一簇一簇的果实很容易脱离树枝，在接下来的几周里，许多果实都纷纷往地上掉，这时就可以把它们捡起来了。像所有坚果一样，榛子非常滋养人，富含维生素E、纤维素和矿物质，尤其是它的籽儿能产油，油质富含单不饱和脂肪酸（超过80%）与欧米伽3，以及亚油酸（acide linolénique）。

榛实象

　　就像有时我们对大自然的不友好，我们也会遭到小小的报复：野生榛子很少招致榛实象（Balanin）的造访，尤其是在海拔1000米高度生长的小灌木，那是这种寄生虫挨不住的一种情况。请记住，这种小甲虫的幼虫就定居在榛子中，吞噬所有果仁，只留下一个小洞，通过这个洞，榛实象得以逃脱，可谓一种农作物的灾害。

自制甜点酱

　　人们很难不提及榛子，即使是那些涂抹着榛子酱的有名气的面点，它使我们心爱的孩子超重，仅此一项就包揽了世界上四分之一的榛子生产。即便无法企及商品的完美，你还是可以在家中自制榛子酱，这又何尝不是无上荣耀。

　　剥取150克榛子，在搅拌机中粗略磨碎，然后再用木杵捣细，加入油（最好加入榛子油，如果不是，就加入中性油），直到获得均匀的浆糊。是不是感觉有点恶心？在100毫升牛奶中熔化150克甜点巧克力和100克半盐黄油，加入150克蜂蜜、榛子酱和微量的香草提取物，再以文火加热，细致地搅匀直到酱做成。之后，再放置冰箱中随吃随用。

橄榄树

橄榄树（Olivier），拉丁文名为 *Olea europaea* L.，橄榄科（Oléacées）

神话的采摘

橄榄树还需要展示吗？在这个系列丛书中，有一整本书是专门写它的。

采摘者坚持要去找橄榄园（oléastre）中残存的那些橄榄，即便遇到了野生橄榄树，他们也不得不视而不见，因为这些果实的质量已然差到不值一提的地步。然而，猛的一看，野生橄榄树浓密多产，于是人们总是一再想要用它来育种（从生产者的角度来看，有时情况就是这样）。一个遗传记号的研究表明，经过橄榄园驯化的橄榄树，一部分分布在地中海盆地以东，包括目前的黎巴嫩、叙利亚和以色列等国家在内的广大地区；另一部分分布在西班牙向西的地区。在整个马格里布（Maghreb）、西班牙、以及科西嘉岛，我们可以视之为二次驯化的一些地方。这些橄榄树在驯化的过程中很自然地被结合，这便解释了庞大的橄榄树变种的丰富性：现今世界上有 2000 多个品种的橄榄树，而法国就有 150 种。它们经过了本地化的精挑细选。

肤色问题

采下的橄榄为绿色，其褶皱的表皮会转变成棕紫色，或者黑色。这相当于不同的成熟阶段，而不是不同的品种。

关注那些暂时被搁置的

法国南部无数的橄榄树见证了一段尚未久远的过去。橄榄树经常被荆棘树莓（ronce）制伏，但它从来没有真正被放弃，因为它们的主人不会完全地不照料它们，否则，就会给人以忘记祖先的印象。然而，

植物学小贴士 5—10米高的树木，树干随年龄变得粗大而蜿蜒，木质坚硬、多节，带着芳香。叶片常绿、坚韧，叶尖如矛，叶背泛着银色。在4—5月间，繁花盛开，白色单只的小花聚集成串。橄榄树的果实：9—1月结出的核果，在制备后食用，它能带来一种令人赞不绝口的油。

这些树看上去总是长势喜人，你在采摘橄榄时，应该忽视那些得到照料的橄榄树，而只考虑暂时被搁置的、以备候选的树。同时还要遵守采集者（glaneur-cueilleur）良好的行为规则；为了榨油的索取（5公斤橄榄榨取1升初榨油），为了蝇头小利和几个小罐橄榄，这不仅涉及规则，也是不足称道的。最早的绿橄榄从9月开始收获，一直持续到寒冷将至的12月。

对于认识橄榄树的人来说，它再明显不过了，但还是有些人对它感到陌生，难免提出问题。因此，让我们再一次明确指出：无论是采摘绿色的还是黑色的橄榄，它们均不可现成食用，必须首先经过退浆等加工。

破碎的橄榄

9月份采摘第一批等待破碎的橄榄。它们将被吃掉，但在食用之前还要将它们存放六个月。使用木锤或任何其他工具，在不破坏核儿或压碎果浆的情况下，让橄榄裂开。将破碎的橄榄倒入一个装着水的容器中，每天换水两次。10天后，尝几颗橄榄：它们去掉了苦味，就可以食用了。可食，但不好吃。方便的时候，准备一份调味汤汁（court-bouillon），里面要有百里香、茴香、迷迭香、香叶月桂。将它煮沸，然后冷却，并以每升水100克盐的比例添加到调味汤汁中，为橄榄的保存准备浸渍的盐水。等待大约十天后，经浸渍的第一批橄榄便可食用。如果发现它太咸，你可以将它浸泡几个小时。

如果你不想掩人耳目，空手套白狼，就收集掉落在地上的橄榄，它们也不错

苦橘树

苦橘树（Bigaradier），拉丁文名为*Citrus aurantium* L.，芸香科（Rutacées）

第二产区的橘子

苦橘树（l'oranger amer，中文植物学名应为酸橙树，苦橘树是保留习惯译法。——译注）原产于中国，与许多柑橘（agrumes）类水果一样，在9世纪左右被阿拉伯人带到欧洲之前，它首先到达了印度。之后柑橘文化在北非发扬光大，甚至散播到了西班牙，并为它赢得了塞维利亚橘树的名字。由于苦橘树果实的质量差，甚至不可直接食用，而柑橘类水果主要因其药用的目的而得以种植。苦橘树也是一种绝佳的装饰植物，带着异域风情和逸事趣闻，它与十字军所带回法国的橘树同名，因适应耶尔（Hyères）地区的气候环境而生存下来。它那奇特的叶脉却成了陆军统帅（le Grand Connétable）的常胜冠军的象征。苦橘树的播种始于1421年，于1894年在凡尔赛终结了其漫长的一生。在19世纪，阿拉伯人是唯一掌握蒸馏法的人，于是将苦橘树用来制作香料，继而利用这种树的所有部分。在贪吃方面，人们总是不能饱足的。

苦橘，有时指的就是苦橘果酱（marmelade），在相当长的一段时间里，两者的叫法相通。人们从16世纪开始提及这种水果，说到果酱，往往是来自葡萄牙语的特制果酱，或者木瓜膏。在其他语言中，marmelade这个词用来指任何水果的果酱。不列颠人最爱的苦橘果酱的起源可以追溯到约1700年的苏格兰港口——邓迪（Dundee）。一

植物学小贴士　4米高的树木。硕大的绿色亚光叶片带有光泽，机翼形状。白色的花朵盛放，满是芬芳。在12—1月之间，苦橘树结出发扁的果实，稚嫩时平滑，然后轻微地布满小斑点，粗糙、凹凸不平。即使果实在树上待上几个月，都不会对其味觉上的品质造成过多损失。

艘满载着来自塞维利亚柑橘的船，为了免遭暴风雨的侵袭，停靠在那里躲避风险。船主担心船上的货物被损坏，于是以低价卖给了一家夫妇杂货店——基勒家（les Keiller）。由于他们无法在短时间内将所有的新鲜水果售罄，便决定用它做果酱。然而，保存是要紧的事，由于没有保存的条件，又来不及将水果皮都剥离，于是，他们决定留下果皮，结果带来的却是美味。

触手可及

采摘苦橘是气候温暖地区的一个小特权，主要是在南部和西海岸。在这些地区，人们都认识拥有苦橘树的花园主人，因为这种水果的种植并非为了食用，所以，总是有一些果子可以分给别人。纵然有人翻过栅栏窃取果子也会得到宽恕，那么对于那些有兴趣来验证处世之道，并讨要几颗果子的人来说，他们是不会被拒绝的。最好的苦橘最早成熟——从每年的2月便开始。几个月过去了，它们变得更干，里面还会发黑。

苦橘酒

像所有自酿葡萄酒一样，私房食谱应有尽有。做好准备，精心酿造最好的苦橘酒，相传这种酒远胜过其他。先洗净苦橘，将4颗苦橘与1颗柠檬分别切成4块。在其中两半中分别插入2节丁香。再将2.5升玫瑰酒、500克糖、1—2升40°的水果醇混合。用肉桂或者肉蔻提香，依自己的口味，加入半段展开的鲜香草，浸泡40天，每周搅拌一次。最后，过滤，再装瓶。

1979年法国颁布一项法令，marmelade（果酱）一词只适用于由柑橘类水果制成的产品

松树

伞松（Pin parasol）、意大利松（pin d'Italie），拉丁文名为 *Pinus pinea* L.，
松科（Pinacées）

上等家族的嫩松子

松子小组

结松子的松树有：瑞士五针松树（*Pinus cembra*）、喜马拉雅松树（*P. gerardiana*），或者墨西哥松树（*P.cembroides edulis*）。

在地中海的海岸上，夕阳洒落在巨大的阳伞松树（pin parasol）上。那是明信片上名副其实的一种装饰。一棵树俨然就扎根在它的这片沃土上。大错特错！因为这个物种并不起源于地中海，即使它已经完全适应了那里的环境及气候。事实上，在古希腊文中，即使是早期的著作，也没有提及过阳伞松树，更别说圣经了。人们认识云杉（épicéa）、阿勒颇松树（Alep），或是拉里西奥松（laricio），但阳伞松树纯属虚构（何其离谱！）。至今这种松树的地理渊源仍不得而知。在中东最不可能有它。一旦说它虚无（nihil），却有人说它曾跟随罗马人一道拓疆辟土，至少它还有实用性。正如普林尼所记载，阳伞松树被种植在沿海各地的大松树林中，它的木材被用于建造船只，同时，它还为人们带来了大有助益的遮阳阴影与装饰性的外观。从中世纪到整个文艺复兴时期，这一物种仅被作为景观植物种植。阳伞松树逃遁于大庄园，却在大自然的森林中扎根、繁衍。

中国的仿品

片刻之间，我们不妨把自己想象成松鼠。松塔在手（植物学家讲的假坚果），前途无量。经过三年的

植物学小贴士　　大型树木，可以超过30米高。树干粗大，撑起了微曲的梁柱。龟裂的树皮，呈红褐色蜂窝状（单独脱离的板扣），随着年龄的增长变成灰色。稚嫩时，结出球状物，然后，呈现出纷繁而扁平的枝杈轮廓。像所有的松树一样，它会分别结出雄性和雌性球果。

成熟期，其鳞叶终于半张，大颗的种子昭然若揭，带着硬壳，规规矩矩地排列成对：每一颗里面都含有一粒可食用的果仁，嫩而软，具有无与伦比的清香，那种混合着糖和松香树脂、泥土和樟脑的味道。这种在新石器时代就存在的东西，人们将它放在一块石头上，用另一块石头去敲击，来来回回，发现自己的指尖满是棕色的粉末。为了设法抑制贪吃的欲望，之后，人们还要为此稍作提防。这一切值得我们给自己弄得这么麻烦吗？是的，重要的事情说三遍。因为在过去的几年来，松子在市场上一直热卖，结果它现今的产出已经供不应求了。

　　在世界主要的松子生产地西班牙、北非及土耳其，松子以高价出售；而阿富汗生产的松子，不用说，它销往中国，但这种果实往往很油腻，油腻得恐怖！此外，销往法国的通常有朝鲜白松（*Pinus koraiensis*）仁儿。

只有随着年龄的增长，松树才能撑起它阳伞般美丽的轮廓。在此之前，它的树冠好似一个球状物

馅饼中的内幕

　　可以在沙拉中加入一些松子仁，或者将其碾碎混在罗勒绿沙司中，抑或更传统些，像摩洛哥人那样，把它们撒入薄荷茶里，当然，还可以在家里制作美味的松子仁小馅饼，这是南方盛行糕点中的一例小特产。用150克黄油、250克面粉，还有60克冰糖杏仁粉（一种杏仁粉和冰糖的混合物，市场有售），加入60克冰糖和一个打散的鸡蛋。摊开现成的面皮以备装饰小馅饼模具。此外，掺进100克黄油、100克冰糖，还有100克杏仁粉。再加入3颗鸡蛋，浇上2汤匙勺朗姆酒。最后往无缝衔接的小馅饼撒一些松子，在烤箱以6挡恒温烘烤30—40分钟。

梨 树

野生梨树，拉丁文名为 *Pyrus pyraster* Burgsd. 与 *P. communis* L.，蔷薇科

梨子犹如我的苹果

你不太可能有机会与真正的野生梨树直面相遇，到了我们这里，它不太可能还是物种的原初样子。梨树有一段很古老的历史，史前的人类就已经在食用其果实。再者，野生梨树经常在农村被发现，有些是本地的，有些则是从农作物种植中恢复到了它的这种样态。此外，所有欧洲大陆的原生梨树（*Pyrus*）物种很容易相互杂交。它们结出的果实都可以称为梨（poirion/poirillon）。除了罕见的例外，不可直接食用，但人们也可以在烹饪中找到其用武之地，从而引起美食采摘者的兴趣。自中世纪以来，野生梨子一直是食物的组成部分，无论是喂养动物还是滋养人类，它都是少有的几种配料水果之一，适合做蜜饯、蛋挞、干果，还能用来做醋，以及净化尚未发酵的酒花（moût），因为梨子中有着丰富的单宁酸。通过在欧洲发明的蒸馏法，人们相应地将它变成了烧酒（eaux-de-vie）。

秋季里的圣-让

树上的梨聚集成一小串，紧密地挂在枝头上。它们就像圣-让（la Saint-Jean）的小梨。令你无法抗拒，抓起一个，咬上一口。糟糕的是，梨的生涩（astringence）会令你收起下唇。果肉呈现出颗粒状，甚至带有沙砾感。由于很少能遇到上等的野生梨，想要恰好遇到时机成熟，更是难上加难。即使存放很长一段时间，它的生涩感仍然存在，然而，等到果肉最

都是野蛮人！

在野生梨树中，植物学家还区分出了鼠尾草叶子梨树（*Pyrus salvifolia*），它8—10米高，生长在法国中部的树篱和森林的边缘；另一种为心瓣梨树（*Pyrus amygdaliformis*），3—8米高，主要生长在大西洋沿岸与科西嘉岛；还有一种扁桃叶梨树（*Pyrus amygdaliformis*），是一种5米高的小树，生长在地中海和科西嘉岛；最后一种是西洋梨树（*Pyrus communis*），是10—20米高的大树，除了科西嘉岛，在法国各地都能发现它的身影。

蜜饯与果浆

野生梨子的果皮厚，而且附着在果肉上，削起皮来有些麻烦，有时干脆放弃。从两端切开去削皮的果实，平放入水浸过锅，煮20—30分钟以便融化，将其压碎，加入粗红糖。如果方便，还可以再加入一点肉桂。蜜饯仍然有点不好看的块状，但风味依旧，自当是餐桌上表现最好的梨。

更好的重头戏还在果浆。将梨放在果酱盆中，混合几个苹果，用水覆盖，煮约一个小时。

放上一整晚，或者更长时间。最后，再次加热煮熟的水果，并在混浆器中打碎。你要后每公斤果肉加入600克糖，煮一刻钟，即可装罐。

终软化，里面却已变为棕色，果实熟烂了。无论如何，所有的味道都在那里面，一触即发。下定决心，不要让一次享受美食的乐趣溜走：你是对的，因为野生梨煮熟之后，简直妙不可言。单独食用梨，或者再加上几个野生的苹果，便能交出你9月美满的食谱。

忘记果园和市场上的梨子，去寻找小野梨，它虽苦而硬，但经制作却相当好吃

野苹果树

野生苹果树（boquettier）、木本苹果树，拉丁文名为*Malus sylvestris* L.，蔷薇科

被驯化的野生物

苹果是我们祖先流传下来的最具代表性的水果之一，其品种的数量惊人。然而，因为我们在集市的摊位上遇到的美味苹果并不多，人们难免心中有疑虑，苹果也是最古老的水果之一，考古发掘证明，在新石器时代，我们的祖先就已经在食用苹果。然而，与人们可能认为的相反，在我们果园里的苹果树并不是从野生苹果树延续下来的，两者的命运不同（有几个品种例外，如史密斯奶奶，它是诸多杂交品种之一）。在法国的自然生态中，仍有多种多样的野生苹果树，有的圈在篱笆里生长，有的独自生长。在野生采摘的严格规划下，另外还要计入那些已然被放弃的地区的苹果树，它们被用作苹果酒制作，甚至还有花园中那些装饰性的苹果树。哪怕结出的苹果再小、再生，只要知道如何烹饪，它们也一样美味。

久远时代

最初，苹果树的栽种在整个欧亚大陆都很普遍。无疑，它们发源于南高加索和土耳其。随后，苹果树沿着多瑙河山谷顺势蔓延，而且疏通了第二条绕地中海蜿蜒而下的路线。埃及人认识它，希伯来人把它带回了巴勒斯坦，希腊人和罗马人通过嫁接进一步改良了后者，并将其传播到整个帝国。即使在今天，野生苹果树仍然是各个品种的嫁接藤。

尖酸、生涩，令人不快

苹果树极为茁壮，耐潮湿，除了干旱的地区，几乎任何地方都可以栽种野生苹果树与苹果酒果树。在散步时找到几棵苹果树，也是很惬意的事情。无论如何，冬季寒冷是坐果优良所必需的条件，尤其是在严

植物学小贴士　　在露天可长到8—10米高的树木，姿态蜿蜒。生长期颇为漫长。叶片完整、带着茸毛，幼年时无毛，枝杈上长着刺儿。开出白色和粉红色的花朵，5片花瓣。野生苹果树的果实小，直径在3—7厘米之间，大都带着涩感，稍微有点甜味。

说到苹果"贼"这个词，在野生苹果身上就不再要紧了。它会去小偷小摸吗？然而……

野生苹果果冻

切2公斤野生苹果，用水没过，在文火上煮，直到它们变软，就像经典蜜饯的做法一样。按压苹果，以获得尽可能多的果汁。将它过滤，并称重，按比例加入3/4等量的糖粉，然后再次将它煮沸，并不断地搅拌。保持沸腾，直到能见它呈果冻状。撇去白沫，随后装罐，趁热封闭罐口。

寒的冬季，于海拔高达1300米的地区结出的果实是最好的。然而，那里结出的苹果往往不可以生吃，其味道生涩，令人不快。它们还有一个古老的名字，意思为粗糙的苹果树（*Malus acerba*）……人们为了制作果冻，等待着采摘成熟的苹果，但是在苹果变黄之前，鸟儿也不会飞来啄食，这时尤其需要耐心等待，即使是深秋的霜降已过。而苹果酒果树的果实则受益于尽可能长时间地待在树上积蓄糖分。从前，人们会把苹果直接压碎，提取果浆，之后把果渣干燥处理并储存，以此作为农场动物的食物。

在大自然的生态环境中，野生苹果树对于野生动物而言，难能可贵，就像穴居动物蝙蝠善于利用树的洞穴生存一样，食草动物獾（blaireau）也会寻找草地上的苹果充饥。

黑刺李树

尖刺李子（prunier épineux）、黑刺（épine noire），拉丁文名为*Prunus spinosa* L.，蔷薇科

非帕特萨兰酒也

　　黑刺李树（prunellier）是野生李子树中的一种，散布在欧洲、亚洲和北非等地。在史前遗址中发现的果核表明，黑刺李长期以来一直是人类食物中采摘类水果之一。众所周知，黑刺李有一位近亲，串生车厘子树（cerisier à grappes）——帕杜斯李子（*Prunus padus*）。这两种果树也被用来应对恶劣的生态（土壤贫瘠、干燥、盐碱、低温……），用作建造防御性的树篱、标记地形的走势，并被用来隔离成群的羊和牛。人们并不喜欢黑刺李的荆棘和果实，特别是因为黑刺李有大量的根蘖，这让它总能在土地中找到安身之所在。自18、19世纪起，消遣性的花园凭其重要性，在赏心悦目的多样性品种上推陈出新，出现了如今通常可见的那些双花黑刺李。过去，黑刺李树曾被用作李子树、桃树与杏树的嫁接对象，如今，它已经被现代的新式嫁接所取代。

阿尔萨斯乌梅酒与梅济厄野乌梅利口酒

　　黑刺李/野乌梅有一个小缺陷，肥大的果核为果肉留下的余地甚少，也就是说，要想拥有一块饱含青梅（Reine-Claude）和乌梅（quetsche）味道的蛋挞（tarte），你就要在里昂地区，或其他地方吃尽苦头（这是双关语）。此外，黑刺李有着紧致的涩感（含有极丰富的单宁酸），它会让人的味觉有些耐不住：因此人们不得不等待果子成熟的日子再去收获它。在黑刺

植物学小贴士　　1米高的小灌木，可以长到6—8米小树的高度。枝杈繁多，非常刺手，覆盖着一层稍带黑色的表皮，生成一种坚不可摧的植被。落叶型植物，叶片有4厘米长。未等叶子生出，就在树枝上开出白色带蜜的花朵。黑刺李树的果实：直径6—15毫米，覆盖着白霜。

李经历第一次霜冻时，这股透心凉的滋味似乎连核果（drupe，内果皮由石细胞组成的硬核）也能感觉到。天然熟透的果实经霜后会褪去涩味，这样黑刺李就可以用来制作利口酒。制作这种酒，主要以杜松子酒为基底，接着给煮热的葡萄酒加入波尔图（porto），使之上色。在欧洲，人们通过蒸馏的方法，提取黑刺李的精华来制作烈性酒。后来，黑刺李成了巴斯克（Basque）的传统利口酒帕特萨兰（patxaran）的主要成分，人们就把它浸在茴香酒精中提取出来。人们还明智地将黑刺李制成了糖浆、果汁及果冻，或者就像杜松浆果香料使用的方式一样，把它当作烹饪的香料，加入小鸟、野兔的肉馅中调味。在流行的药典中，用开水冲泡经过干燥处理的核果（drupe），可以给轻度腹泻的人服用。新鲜、壮硕的黑刺李果实，还可以作为补品，因为它富含维生素 C。

在农村的橱柜里，野乌梅酒是烈性酒精的首选，一杯利口酒，或奶油酒，适合那些不太爱冒险的人

野乌梅杜松子酒

呈上一大杯惹人爱的野乌梅。在果子上用针扎出针眼，并把它们放在一个瓶子里。以75毫升配比添加120克红糖（可以用蜂蜜替代），再加入两颗杏仁。用杜松子酒完全覆盖住，在饮用前让其浸泡4—5个月。

野乌梅醋

在平底锅中放入野乌梅，让水没过，煮至破裂。用木杵捣碎出尽可能多的果浆，再去除果核。然后，通过一张滤布来提取果汁，你需要约300毫升果汁。称量过后，加入双份的苹果酒醋，再加入450克砂糖。用文火煮10分钟，就像制作糖浆一样。趁着醋还在沸腾时，倒出装瓶。就像香醋一样，在使用中方知这种醋的来头。

黑莓

桑葚、犬桑葚（mûre de chien），也叫作éronce，拉丁文名为*Rubus fruticosus* L.，
蔷薇科

请注意不要带太多人来！
黑莓一角就像蘑菇一角：可别
说出去

当之无愧的物种冠军

在法国，黑莓是每个人都非常熟悉的一种野生植物。在夏季，你可以一边摘食甜美多汁的上好黑莓，一边在小路上散步。想当一位行走的美食家很容易，但对一种植物的了解，却远比它看上去的要复杂得多。科学为了描述野蔷薇莓（Rubus）所表现出的不同种类，系统分类学便为它在科学中确立了一个独立的分支——黑莓学（batologie）。就经验而言，想必你的那些所谓精通植物学的朋友，也未必对此有所知。这一切直到 19 世纪埃里博兄弟（le frère Héribaud）的一项壮举——致力于对 2000 种类别的荆棘树莓（ronce）更细致的研究——才让人知晓。请读一读他在作品《法国中部高原野蔷薇莓的描述性分析》（*Analyse descriptive des Rubus du plateau central de France*）中所给出的这般建议，想必你的心里也是这样想的。黑莓的这一丰产都应归功于植物的发展。果实自行压条，最终使每个单独的枝杈再组合成一个面积庞大，却不可分割的黑莓树丛。每种植物都有适应于自己的生态系统，这就是自然界中的植物为何如此不同。真可谓是自生生物多样性的一堂好课。

满载而归

每个人几乎都认识黑莓，采

小灌木，茎犹如藤蔓，高低拱起，匍匐攀升，柔韧度强如荆棘。生长快速，植物生机勃勃。开出单只花朵，带着某种粉白的颜色，成群结队地聚集在一起。黑莓的果实：密集型黑色核果生长于前一年的树枝上，紧紧黏附在花床上。

满是纤维

紫黑荆棘树莓是高纤维藤蔓植物。时至冬天，乡间的荆棘一时间被移除，为了撕裂它的纤维，将茎压倒，还要过水几次（浸泡在水中）。它们成了花园、门垫、篮筐坚固的编织条，带来了面包师与蜂巢的乡村工艺。

摘时不太可能把它与其他果实搞混。需要注意的是，有一些与它名字相同的桑树，其果实要更修长一些，而且颜色明亮，然而，有谁能将一棵小矮株荆棘与一棵桑树搞混呢？在这一点，不妨往前翻阅蓝莓（myrtille，紫黑越橘／越莓）那一页，以校正你在视觉上的认识。

抓紧你手中的篮子，不要管黑莓（ronce à mûre）亲近魔鬼的那种守旧的乡间信念。黑莓可以食用……其成熟的果实带有一种深邃明艳的黑色，金属般的质感，表皮富有光泽。此外，黑莓多汁，有着令人心仪的果香与甜香，但它也有着美中不足的小遗憾：制作果冻及果酱，采摘者不得不收集大量的果实。有一项科学调查表明了严酷的事实，在我的周围每三个人中，就有一个人无可否认，他吃掉的黑莓远比他采摘的还要多。

黑莓富含维生素 C（每 100 克超过 30 毫克）、维生素 B，以及铁、镁、磷和钾等矿物质。就像它同样含有助于健康的纤维、色素和单宁酸一样，但人们却很少在这一点上做文章。我们唯一感兴趣的是：它令人着迷。

果酱和果冻

将 750 克糖放到 40 毫升水中，煮 10 分钟以制备糖浆。加入 1 公斤黑莓，煮 40—45 分钟，定时搅拌，直到获得一份稍微稠密的果酱。加入一颗柠檬汁，然后，装罐。

为了得到一份美味的果冻，将 1.5 公斤黑莓放入 50 毫升水中煮沸。当果实破裂时，透过一块滤布挤压，以收集果汁。称重后，每 1 公斤果汁配比加入 750 克糖。与一颗柠檬的汁一起煮沸 8—10 分钟（可以放一点生姜）。最后，装罐。

黑莓糖果果碎

准备 150 克面粉、125 克黄油、125 克糖，还有 300 克黑莓。混合面粉与糖，然后，将黄油切成小块，搅拌。在手掌上揉搓直到均匀（虽然仍有点颗粒感）。将黑莓放在一个烤盘底部，撒上一点糖，再用手揪起一块面团，放在预热的烤箱中，烤 30 分钟，直到面饼顶部呈金黄色。

盐角海草

盐角（Corne de sel）、海豆（haricot de mer）、过石（passe-pierre）、海泡菜（cornichon de mer），拉丁文名为 *Salicornia europaea* 与 *S. fruticosa* L.，藜科（Amaranthacée）

徒步渔民的海水四季豆

盐角海草（salicorne）是一种生长在盐草甸附近的野生植物，海水涨潮后它首先被海水覆盖。当潮水退去时，渔民们就像在盐草场（pré-salé）上散步的羔羊，从西海岸一直走到索姆湾。对于盐角海草，我们一不留神就会把它当作一丛怪诞的藻类。实际上，它是由一连串鼓起的圆柱体构成的，似乎为一个与另一个嵌套在一起的共生体，一小丛、一小丛地分布在基座上。严格地说，它是一种喜盐植物，生长在非常咸的环境中。但无论如何，它包含淡水（近90%），这使它看起来是一种多汁的植物，其中富含着我们人类身体所需的营养。像滨螺（les bigorneaux）、贝壳（les coques）、竹蛏（les couteaux），或者贻贝（les moules de bouchot）一样。盐角海草也是传统采摘的一部分。它一直作为食品，也被用于医药领域，以及从前制造肥皂的化工领域。

有节制地采集

通常，人们不时地清除自然环境中的某些食用植物（和其他植物），采集盐角海草就是一个最佳的例子。管理者对采集盐角海草加以说明，并定量管控。周末的采集者大可不必担心，但仍要了解具体法规，对不

多浆肉质植物，充满水分，有数厘米的长度。半透明的叶子包裹在一条单支的茎上，其成分中通常大都是分叉的茎。花期随夏末而至，开出雌雄同体的白色小花。食用盐角海草的果实是只含有一颗种子的多浆果实。成熟时，果实由浅绿色变为红色。

万一离海岸太远，再加上常规出没的鱼贩，采摘还得稍稍赶早些。一般来说，盐角海草来自索姆湾：仅此一处就占产量的90%

同地区的不同规定，做到心中有数，遵从条例的要求。例如英吉利海峡的条例规定，在6月1日至9月15日之间，从日出到日落（法定时间）允许采集，每人每天允许采摘的最大量，仅限于成年男子双手可以抱走的收获。

收获在5—9月之间完成。盐角海草的第一个关节点极易觉察，其长度最长为6—8厘米不等，表皮呈现出柔美的绿色。经过简单冲洗即可用于烹饪。它富含碘、矿物质、维生素A、维生素C和维生素D，但最重要的是它美味可口。就像人们简单地煎炒与爆炒鲜嫩四季豆那样，盐角海草可以炒着吃，还可以与烤鱼一起焖烧。它也可放在醋中浸泡，这也是其海泡菜名字的由来。在5—6月间收获的幼芽的茎和肉可以生吃，也可以轻煮。

盐角海草奶油青鱼

将250克熏青鱼片（filet de hareng fumé）在牛奶中腌制2个小时。沥干，并擦净。将它放在一个盘子里，以果味白葡萄酒覆盖其上，腌制2个小时，再次沥干。把鱼段切成3厘米长，放在一个盘子里，将洋葱和胡萝卜切片摆上，加入一束装饰的花束。用橄榄油锁住水分，在冰箱里腌制4—5天。在碗里，用鲜奶油与十几串浸过醋的盐角海草拌匀，与青鱼一起食用，还可搭配白煮土豆。

土生花楸树

土生花楸树（Sorbier domestique），也叫sourbié与escourbié，还有esperbié，拉丁文名为*Sorbus domestica*，蔷薇科

小花楸树，让我瞧瞧你的果子

土生花楸树（cormier）是地中海的一个本地物种，最初在古罗马地中海（Mare Nostrum）的外围种植，但罗马人任由其在自己庞大的帝国散播，尤其是在欧洲。毋庸置疑，花楸树的适应性极强，它在最恶劣的气候下存活，最终生长、繁衍。如今在法国的南部，花楸树长势喜人。然而，不要忘了在科西嘉岛，尤其是从中部到西部的莫尔比昂（Morbihan），还有东部的石灰岩土壤地带所栽种的花楸树。它们的果实虽平凡无奇，但花楸木的材质却有着不可估量的价值。这无疑解释了人们对它的兴趣："只要有，来者不拒。"这些在南方荒凉的土地上生长过的花楸木，一旦移植到土壤深厚、肥沃，且空气新鲜、潮湿的森林，对它而言便是滋养；其树干的周长至关重要。然而，它的木材在过去的一段时间里被使用得越来越少，作为果树的它，也降级到了被美食家遗忘的地步。现今花楸树已经变得罕见，以至于引起了再造林者的注意，它已被纳入了农林业发展的方案。

那些苹果那些梨

土生花楸树需要光线通透的宽阔土地。于是，它被人们在这里种几棵，在那里种几棵，以至于田野的边缘、稀疏的树丛都有它的影子。采摘者则很

花楸木

花楸树的木材品质极高，可能是我们在铁道两旁看到的森林物种中最坚硬的树。从前，它被特别用作装配零件，暴露在外的大型机器所需的防摩擦、按压，以及栓钉、滑轮等配件……今天，这一稀有树种被用于管风琴、机械钢琴的修复与镶嵌工艺。最后，让我们以"邪念"结束，要知道，在土伦（Toulon），人们称军火库的雇工为花楸树，因为他就是一块不干活的木头！

植物学小贴士　　10—12米的树木。落叶型植物，11—17片齿状复叶构成一组，随着性状成熟长出茸毛。4—5月间，开出直径8—10毫米的白色小花，聚集成伞房花序。10月结果，土生花楸树的果实会让人联想到小野梨，3厘米，绿色中点缀着棕色，果浆甜美。

在乡村，土生花楸树没能逃过迷信。在布雷斯（Bresse）的一种信仰里说到，如果一个人，或一只动物被一只疯狗咬伤，将它放在一棵土生花楸树下，便能从狂怒中解脱出来

少有机会进入一小块被废弃的果园，对其果实一网打尽。花楸苹果（*Sorbus maliformis*）与花楸梨（*S. pyriformis*）也因其果实的形状而被命名，它们有十余个品种。因此，采摘的管理不拘于明文规定，实际上比较宽松。虽然人们常说花楸的收获始于第一次霜冻，但事实上，第一批果实早在9月就已经可以食用了。反过来说，一个不争的事实是，花楸的表面布满斑点，且有匀称的深棕色才是好的果子。而在9月之前，它们仍然是深红色的，果肉是硬硬的，吃起来味道非常生涩，无疑是所有野生水果中最糟糕的。待到成熟时，厚厚的果皮变薄了，牙齿触到果肉时，便有了松化之感觉，恨不得连核带籽儿一口吞下。以前在农村，花楸经过发酵被用来制作一种梨子饮料（poiré），布列塔尼一直延续这种做法。据说苹果梨（corme pomme）就是这一制作的最佳选择。过去，在普罗旺斯，花楸被切成两半，用线穿成串儿，干燥后，它就像李子干一样受人欢迎。

一见清新

做一份花楸梨子饮料（可以叫花楸饮料吗？），只要让果实浸泡在同等重量的水中几天，直到冒的泡减少，便可装瓶，耐心等十天再食用才鲜美。

"捕鸟"花楸树

"鸟"花楸树、鸫花楸树（sorbier des grives）、野花楸树，拉丁文名为 *Sorbus aucuparia* L.，蔷薇科

未加工的蜂蜜

人称"鸟"花楸树（sorbier des oiseaux），是因为它在秋天为鸟类供给了一种备受欢迎的食物；又称其为"捕鸟"花楸树，也是因为它诱惑的果实能捕获鸟类，当然也要视情况而定。但作为陷阱，它对捕获小型鸣禽中的鸫科特别管用。这种树起源于欧洲。在法国，可以简单地区分为：南方的土生花楸树和北方的土生花楸树。花楸树是一种强壮的、甚至有些难缠的植物，有时也生长在坍塌的土坡上，那里土壤的质量不高。种树将来可以乘凉，如若将其栽种在大片云杉林的边缘，也可以作防护之用。作为一个良好的开路先锋，它生长出大量的叶子，待到其叶腐败并迅速分解后，带来的将是有利于其他物种根植的腐殖沃土。此外，它为鸟类带来了大量果实。因此，它有两张面孔，一张"冷峻刻薄"（sor），另一张则"温存甜蜜"（mel），这在凯尔特人（Celte）身上可窥见一斑。

烹煮，势必充分烹煮

花楸果实的采摘从夏末开始，或许那时正值9月。看似随处可见的树，要想见其大丰收还是要到法国北部去寻找更好的机会，还有瑞士和比利时，那里的森林土壤呈酸性，而且海拔高达1500米。在地中海南部，花楸树要罕见得多。

在自然界中，花楸的果实呈红色，但也有几支变种显现为橙色，它们成了装点花园的观赏植物。它们的果实不可生吃，原本带着苦、酸、辣、还有涩味，而且含有大量的副花楸酸（acide parasorbique），竟然能糟糕到如此地步。花楸的果实还会引起呕吐，其果核中藏着某种有毒的糖苷（hétéroside toxique）、杏仁核苷（amygdaloside）。而它给人的好感却更多在于：它们含糖，包括在花楸树的浆果中发现的有名的山梨醇／花楸醇（sorbitol），顾名思义，它可以用作甜味剂。副花楸酸在煮熟后会消失，所以用花楸果实做的果冻、果酱和糕点能让人放心食用。在北欧国家，这些小浆果也用于熟食拼盘，或是酒品制备，相当于在孚日山脉那边的人们所知道的那种烈酒。

"鸟"花楸树可以很快
长成一棵小树

无以为证

从前，农民用这种树的木头制作搅乳器，再用它将牛奶加工成黄油。并不是说它能带来一种特殊的味道，而是因为此树被赋予了保护者的声誉，仙女和女巫也不能令其腐败臃肿。

花楸梨果冻

说实话，"鸟"花楸树的小浆果并非美食采摘的重中之重。用其他浆果做果冻和果酱会更好。无论如何，如果刚好有它，你可以做一种果冻，与白肉或熏鱼一起吃，有点像越橘，或是酸性水果的吃法。请耐心地招架，将所有浆果从果串上摘下，再取走残屑。洗净，放入锅中，让水没过。在文火上煮半个小时。放凉，倒入瓷碗，或者用一个不太精细的网筛，让果浆通过，留下籽儿。称量果汁，加入同等重量的糖粉。在每升果汁中加入一颗柠檬的汁。在果酱盆中煮20—30分钟。其变化很快便会发生，因为这些果实中含有相当丰富的果胶。最后，装罐。

黑接骨木

仙树（arbre aux fées），也叫Sambuc与sahuc，拉丁文名为*Sambucus nigra*，
吸葛科（Caprifoliacées）

因为红，因为黑

　　"别碰,这是毒药！"无论是来自一位谨慎的祖母，还是保护型的大哥，这个禁令我们不知听过多少次，也不知多少次受到来自接骨木浆果那耀武扬威的黑色光芒的惊吓！是时候将钟摆指向它的生物时刻了。在我们的植物区域中存在三种接骨木，它们分别是：黑接骨木、红接骨木与草本接骨木（sureau yèble）。就黑接骨木而言，人一旦食用了它大量的生果，或是不够成熟的果子，便会导致不适：腹泻、呕吐（就像吃了这种植物的其他部分一样），然而熟食则无害。关于红色成串的接骨木果实是否可以食用，人们还在持续的争论中；至于它是否一定还能长得更大，有些人把长得更大的这种植物判断为危险的信号，认为小孩子吃了它，会导致严重的腹泻。至于草本接骨木，它显然不适宜食用。因此，整个采摘问题都围绕在对黑接骨木与草本接骨木的正确识别上。

……因为接骨木

　　黑接骨木与草本接骨木的差别显而易见：黑接骨木结出的果实串儿松垮地悬挂在枝头上，仿佛配饰一般；而草本接骨木果实呈硕大伞房，直立天穹。我们在采摘时，如果不能确定它是否成熟，不妨避开采摘期，先去寻找其他果实。即使到了9—10月，采摘也不会被错过。黑接骨木的果实呈圆球状，直径3—6毫米。完全成熟时，它们像是一颗颗美艳有光泽的黑紫色珠子。果肉呈紫红色，果汁亦然：它让人想起昔

植物学小贴士 小灌木，或者能够快速成长到10米高的小型树木。茎干呈现凹形，长势充满活力。落叶型植物，叶片不成对地翻长，由5—7片齿状复叶构成一组。5—7月间，开出雌雄同体的白色小花，带着芬芳，聚成伞房花序。黑接骨木的果实：浆果聚集成串，呈现从黑到紫的颜色。

日学童书写使用的墨水，黑接骨木也确有此用处。果实中有三颗着实并不令人生厌的小种子。

如前所述，经过烹饪的果实可以食用，其毒素（sambucine toxique）在65℃下得到降解。然后，你可以用它制作上好的果酱、果冻，或是糖浆。作为传统药用植物，接骨木还可以起到护理作用。这些果实富含维生素 A、维生素 B 和维生素 C，而且每100 克还含有约 1500 毫克的抗氧化剂。

CHOCOLAT FÉLIX POTIN

Le Sureau. — Poison des poules, la moelle, infusion.

"除了马，所有的牲畜都不碰接骨木，难以名状的它对于鸡是一种毒药"，在《巴黎周边生长的经济作物植物群》的第七自然年（1798—1799）中曾这样写道

红色接骨木

另一种还需谨慎食用的接骨木是鸡子木黑紫接骨木（*Sambucus racemosa*），盎格鲁-撒克逊人却对它情有独钟。这是一种高 2—4 米的小灌木，由 3—7 片齿状复叶组成，叶尖如矛，齿状边缘。它在 4 月开花，夏末结出红色浆果，闪亮的红色圆球，稀疏松垮地聚集成串。

接骨木糖渍

从果串上摘下果实，收取约350克。将200克的洋葱切片，在少量的油中炒至金黄，加入接骨木浆果，加盐，直到浆果爆裂。加入4汤匙糖（或少加，如果使用的是甜洋葱），加入等量的蜂蜜，还有一颗柠檬榨的汁。撒点胡椒粉，或者搓一点碎生姜。

在文火上加热使之抽抽儿，直到糖渍出现。与家禽（特指鸡）、鸭、熏鱼，或者熟蔬菜一起食用。

接骨木糖浆

在晚秋时节你正开始准备每年一度的盛典，如果没有耐心等待秋天的到来，你可以从收集花的时候开始。准备3升的量，需要收集大约40只伞状花，取最多的花和最少的茎。存放在冰箱里。将3颗柠檬分别切成4块，并准备一份糖浆、2升水和1公斤糖，倒在花和柠檬上。在冰箱里放4天。过滤后，即可装瓶。

葡萄树

葡萄（Raisin），拉丁文名为
Vitis vinifera L.，葡萄科（Vitacées）

野生野气

散步让我们遇到野生葡萄树，土
称野葡萄（lambrusque）。这个名字
既指真正的野生葡萄树，也指曾经被
栽培，又被废弃了的葡萄树，它们失
去了其形态的特征，回归野生状态。
它们所结出的小里小气的果实，味觉
品质往往非常好，不容忽视。

秋天的食粮

人类可不是从今天才开始搜罗葡萄树上的浆果
的。考古迹象清楚地表明，早在 50 万—12 万年前的
旧石器时代（Paléolithiqu），葡萄就已经出现了，也
就是人们所怀疑的那种野生形态（*Vitis vinifera spp.
sylvestris*）的葡萄。在法国尼斯地区的泰拉阿玛塔
（Terra Amata）遗址，人们发现了葡萄种子——可追
溯到四十万年前。比起第一批纠察队，我们这个时代
的人还要等上七千年。葡萄树首先在里海沿岸和外高
加索地区种植，在巴勒斯坦及美索不达米亚之间也有
种植。希腊人对于葡萄树种植与葡萄酒贸易可谓劳苦
功高。约在公元前 600 年左右，第一批带来植物幼苗
的人建立了马萨利亚（Massalia）。至此，十多个世纪
以来，该地区一直满足着野生葡萄树的生长所需要的
各种有利条件。随后，伟大的征服者罗马人将葡萄树

散播到领地各处（直到英格兰北部），首先经由纳邦奈斯（Narbonnaise）通向一片广阔的地区，再覆盖从图卢兹到日内瓦湖的所有东南部，然后，沿着两条主干河流的贸易路线，到达波尔多，最后到勃艮第。今天，人们重新发现了诺曼底的葡萄种植文化，该地区曾经以葡萄酒闻名，而不仅仅是苹果酒。这种遗产令人再愉快不过了，法国大部分地区都允许采摘葡萄，跟随摘葡萄的人一起到来的，便是美食采摘之秋。

小偷小摸，走起

我从一本古旧的字典中翻阅，才知道小偷小摸（les allebottes）这个流行语——称呼"摘"葡萄的人——指揩油、捡便宜、趁人不备顺手牵羊的人。在一排排的葡萄藤间，他们像鸟儿般争抢着"摘"葡萄。当真正的采摘者过来之前，这里秀色可餐的葡萄早已被洗劫一空。常言道：何必吃不到葡萄说葡萄酸呢？多年来我一直如此，但你要记住，可别吃不了兜着走哦。

在夏季，嫩绿的粒状果实可以挤压出绿色果汁（或酸葡萄汁），味酸，像柠檬汁，可以将其像所有酸性植物（石榴、梨、苦橘、黑刺李与欧亚山茱萸等）那样使用

葡萄疗法

当然，闲逛时最大的乐趣莫过于将葡萄串上的一颗一颗葡萄摘下并享用。

然而，也可以将它们带回家做成美味的果汁。最简单的方法是挤压它们，喝由此产生的浓汁，但最恰当的做法还是将它们通过水果离心机来澄清，如果果农都有这样的设备。从前，9月起，人们便开始一种葡萄疗法（学问虽大，做法简单，就是喝葡萄汁！）。这在20世纪就开始了。几天后，人们的肠胃就像经历了一场沐浴……倘若遵循字面上的建议，食用相当于1—3公斤的葡萄，体重往往只会增加一点。

113

采摘品补充

角豆树

角豆木，神圣的让-巴蒂斯特面包（pain de saint Jean-Baptiste），埃及无花果树，拉丁文名为 *Ceratonia siliqua* L.，豆科（Caesalpinacées）

植物学小贴士 大型树木，10—12米高，长成一副圆润而规则的自然形状。叶片常绿，带着好识别的波浪边缘，哑光绿色，形成非常密集的叶丛。角豆树的雌雄花是分开的，稍有紫色的小花成串生长，夏末结出大瓣的棕色豆荚，悬垂在雌树上。

角豆果仁面粉一直被食品加工业用于奶制甜点，或者熟食拼盘

甜豆荚

对于南方居民来说，角豆树（caroubier）是一种装饰性的大型小灌木，在野外随处可见。反而在漂亮的大种植园里，人们见不到它们的身影，要游历至西班牙与意大利南部等地，才能欣赏到这种雄伟、富丽的大树。从历史上看，角豆树的果实也充当了人类与动物的食物，即使在今天，遇到饥荒与食物稀缺的时候，人们还会经常回想起它的果实，还有由其粉末状提取物所制作的巧克力、咖啡的替代品。另外，其豆粉还是随处可见，以备市场上对巧克力和麸质（gluten）过敏的人的不时之需。那些美食采摘者对最近发现的这种简单的小点心感到大为满足。

过去，人们用平底锅将角豆果仁烤干，给孩子们当零食啃。没有比这更简单的了：角豆树的果实咀嚼起来令人开心——这个名字本身就包含着棕色大豆荚种子的意思。它在嘴里融化会带来一股像巧克力一样的味道。

不用自己动手真的做面粉，将成熟的豆荚磨碎即可，就像杏仁或榛子屑的类似成分那样使用，将其加入糕点，以及熟食拼盘。

沙枣

桂香柳（Chalef），拉丁文名为*Elaeagnus ebbingei*
和*Elaeaganus sp.* L.，胡颓子科

植物学小贴士　乌突突的小灌木，5米高。叶片完整、常绿，有光泽，表面浮现橄榄绿到深绿的颜色，银色的背面覆盖着茸毛。开风铃形、银白色的小花，细长的核果随后凸显而出，带着橙红的颜色。

矿工柳树

　　沿着城市的小路、临街的住宅，缓缓前行，突然会闻到一股蜂蜜般清甜的味道，虽不强烈却实实在在。更令人喜出望外的是，我们已然身在秋天，却与一股春天的甜美气息不期而遇。环顾四下，几米开外的地方一定有一丛桂香柳（chalef）矮篱。在园艺用语中，桂香柳更经常被称为沙枣（éléagnus）。这便是一丛桂香柳小灌木，几十年间，闻名遐迩，屹立不败。这种球果植物矮篱（丑陋！）的优点众多：作为一种强壮的植物，它没有疾病，几乎无须维护，只要稍作修剪（因为小灌木在春天和夏天大量蔓延），适宜于海边的气候环境生长……

　　别致的小花结出像橄榄一样细长的果实。在最为温暖的地区，它们早在 4 月就已成熟，要在它们足够成熟时再吃，否则会带着紧致而干涩的口感，尝起来明显有些怪味，像不太成熟的樱桃。其他种类的沙枣种植遍布世界各地，就像波希米亚的橄榄树（olivier de Bohême）那样。如果愿意尝试沙枣的滋味，在法国有小叶章沙枣（*Elaeagnus angustifolia*）、牛奶子沙枣（*E. umbellata*），以及小玫红沙枣（*E. multiflora*）；在中国，最受推崇的是古米（gumi）沙枣。

沙枣在阿拉伯语中意为柳树，植物学家有时却会在这一点上困惑

117

番石榴

巴西番石榴，蒙得维的亚番石榴（goyavier de Montevideo），拉丁文名为*Acca sellowiana*，桃金娘科

植物学小贴士　2—3米高的小灌木，枝权繁多。叶片常绿、完整，边缘光滑，近乎圆形的椭圆形状，叶片正面绿色，背面银色，覆盖着一层轻薄的茸毛，直到不再稚嫩。花期从5月持续到7月底，开有5片花瓣的白色和红色花，花芯有一束猩红色的雄蕊。番石榴结5—7厘米的偏长绿色果实。

不要等待太久，过度成熟的果实将带上一种明显的石炭酸的坏味道

"假"石榴，真味道

就是这样一丛的小灌木，在几年间征服了园丁。首先，它带着异国风情的一面，这也是它的自身特质：强壮、朴实，抗病虫害。此外，虽然有些地理区位的建议针对它的不耐寒加以考虑，但它却在农业中崭露头角，在 –12℃下挺立。能欣赏到它美丽的花朵已经是一种乐趣，况且在那些果实渐渐成熟时，会长得更大。只要一个炎热的夏天，再等上一个9月，便能品尝到它的果实。随着城市绿地被毫无保留地征用，这种植物在公共空间、公园、海滨栈道早已司空见惯，可以与乌饭树（embrun）匹敌。番石榴的果实保持着绿色；要想欣赏到它完美的成熟蜕变，必须等到果实自行脱离，接着跌落。将番石榴果切成两半，用小勺子品尝"壳中之物"，闲逛时，可不要错过它哦（绝不是玩笑）！发着光的明亮绿色，果肉多汁、鲜嫩，透着一股清凉的英国糖果味。不可思议！运气好的话，负责绿地的人会种植某种果香品种，比如猛犸象（Mammoth）、柯立芝（Coolidge）、凯旋门（Triumph），或是阿波罗（Apollo），然而，你却永远都不会知道这些。

松香树

松香开心果树（Pistachier térébinth），
拉丁文名为*Pistacia terebinthus* L.，漆树科
（Anacardiacées）

植物学小贴士　小灌木，枝杈上带叶，叶片易凋落，3—5米高。叶片芳香，带有浓郁的树脂味，7—13片复叶构成一组，秋天凋零之前，一副红艳娇美。4—6月间，绽放红色小花，花团锦簇。雌雄异株物种（雌花雄花分离）。松香树的果实：5毫米大小的卵形核果，粉红色，伴随成熟，变成红褐色。

一股浓郁的树脂味道

　　地中海周围的矮树丛中存在三种开心果树：乳香（lentisque）、松香（térébinthe）以及真开心果树，就是那种为开胃酒佐餐的开心果。然而，最后一种在法国却很少见，而另外两种非常常见。松香开心果树曾经出产有名的特瑞宾斯精油产品，它来自年头较长的主干与枝丫上渗出的乳香树脂。于是，在夏季散步时，你可以在丛林与小矮树丛中收获它那小巧的红褐色果实。然而，即使你上辈子是一只鸟，也没必要去咬它一口，因为它们不可以直接食用。犹太角豆果（caroubes de Judée）是松香开心果的另一个名字，虽然它看上去与角豆果（caroube）半点都不像——仅仅是出于其芳香特性之用。如果你喜欢土耳其、希腊，或者中东美食使用的那种树脂涂层，便可以在水果酱与水果派中加入一些熟透的犹太角豆果（每500克原料加入30粒左右），又或者将其放入一杯水果醇中浸泡30—40天以作调味，里面还混有树脂开心果（pistachier térébinthe）芥末酱（moutarde），可以为肉冻或甜味的菜品提升芳香感，让调味品也能提升食欲，用于野禽、乡间的熟食拼盘。

从前，在一些国家，人们从水果中提取油，但具有药用功效的油却不能混淆于其他种类

野生李子树

李子树（Prunier），拉丁文名为*Prunus domestica* L. 与*Prunus sp.*，蔷薇科

植物学小贴士　树木，或者3—5米的大型灌木。落叶型植物，叶片完整、细长，锯齿状边缘。开出单只花朵，从粉白色向粉红色过渡，5片花瓣。野生李子树的果实：大小不一和颜色各异的核果。

李子之旅

也有像皮萨迪李子树（*Prunus pissardi*）结出的这种装饰性物种的李子，而在花园里，只有紫红叶丛的李子树（这是植物学地图中车厘子树的一种）才是可食用的

野生李子并不容易找到，美食家也并不是非它不可。不妨忘记植物学，全身心地投入到采摘中去。从7月开始，你会不断遇到各种各样的野生李子树。还有一些从果园中逃窜出来的罕见品种，人们并不知道大多数传播的李子，它们是怎么在人们的"旅行"中被撒落的，要么是人吃了李子把核往这里吐一颗，又往那里吐一颗；要么就是由一些动物带走的；再要么就是果农将它与一棵凋零的李子树嫁接上了。对于李子树，人们一眼看去都认识，但外行人会问："它们能吃吗？"果实中有黄色、红色，还有近乎全黑色的，形状像一个小球，有的更大些。开始吃的时候，最好小口咬下去，要是感觉足够成熟再继续往下咬。成熟的李子从树上掉落下来，你应该毫不犹豫地捡起。几乎所有的野生李子都有浓郁的味道，千万不要指望花园里的李子果肉会清甜可口，你可以定夺自己所喜欢的。李子含有一种明亮的淀粉质感，即使再酸，也可以做出美味的果酱，甜多甜少取决于你自己的意愿，还取决于你是否更喜欢用它来涂在吐司上，或者用它来搭配咸味拼盘。对于这些李子最要紧的是，去除黏附在果肉上的表皮。方法很简单，即将它煮熟，去除不需要的部分，再将果实打碎成令人满意的果泥。尽可能多地去除表皮，是因为果酱已经足够酸了！

塞尔日·沙（Serge Schall），1958 年出生于法国马赛（Marseille）。曾任某体外受精实验室主任，后为某苗圃的商务主管。后来，他决定向公众提供他的知识，于是便与几家报纸的园艺专栏长期合作，并不断撰写有关植物和园艺的书籍，迄今已出版近 20 部著述。

他给胡萝卜缨出版社写过如下的读物：

《菜园小忆》（*De mémoire de potagers*）

《果园小忆》（*De mémoire de vergers*）

《提供饮料的植物》（*Plantes à boire*）

《菜园的故事》（*Histoires de potagers*）

《果园的故事》（*Histoires de vergers*）

《芳香植物》（*Plantes à parfum*）

《番茄》（*Tomates*）

《大麻与大麻花》（*Chanvre et Cannabis*）

《甜蜜的植物》（*Plantes à bonbons*）

《葡萄》（*Raisins*）

《油橄榄》（*Oliviers*）

《如何轻松地让你的园圃获得更有效的产出》（*Comment louper son jardin sans complexe*）

《如何拯救被石油污染戕害的鸟类》（*Comment recycler les oiseaux mazouté*）

糖果植物
PLANTES
À BONBONS

美容植物
PLANTES
DE BEAUTÉ

染色植物
PLANTES
À TEINTER

芳香植物
PLANTES
À PARFUM

饮料植物
L'IVRESSE DES
PLANTES

幸运植物
PLANTES
PORTE-BONHEUR

巫术植物
PLANTES
SORCIÈRES

药用植物
PLANTES
MÉDICINALES

魔法植物
Les PLANTES
des FÉES

图书在版编目（CIP）数据

采摘植物 /（法）塞尔日·沙著；王惠灵译 . -- 北京：
生活·读书·新知三联书店，2023.1
（植物文化史）
ISBN 978-7-108-07474-4

Ⅰ.①采… Ⅱ.①塞… ②王… Ⅲ.①植物－普及读物
Ⅳ.① Q94-49

中国版本图书馆 CIP 数据核字 (2022) 第 139208 号

特邀编辑　张艳华
责任编辑　徐国强
装帧设计　刘　洋
责任印制　宋　家
出版发行　生活·讀書·新知 三联书店
　　　　　（北京市东城区美术馆东街 22 号　100010）
网　　址　www.sdxjpc.com
图　　字　01-2019-1010
经　　销　新华书店
印　　刷　天津图文方嘉印刷有限公司
版　　次　2023 年 1 月北京第 1 版
　　　　　2023 年 1 月北京第 1 次印刷
开　　本　720 毫米 × 1020 毫米　1/16　印张 8
字　　数　100 千字　图 110 幅
印　　数　0,001 - 4,000 册
定　　价　79.00 元
（印装查询：01064002715；邮购查询：01084010542）